CUATRO PILARES
..PARA INFORMARTE MEJOR

Patrones

Regulación

Experiencia

Observación

Delfin Santos

PRÓLOGO

El siguiente acrónimo forma una situación muy interesante con sus cuatro letras. Cada uno de los siguientes cuatro conceptos son la punta de un iceberg que nos adentra hacia temas que tienen un valor indiscutible. Desde *números, mapas, la ciencia, las computadoras, la economía*, hasta cientos de temas que tienen un enorme valor, son explorados de una manera sencilla y directa utilizando el siguiente método.

Esto es un recorrido sobre temas que guardan una enorme relación entre sí, y que están agrupados de la siguiente manera:

PATRONES – Son cosas que prácticamente **no cambian**, o se repiten constantemente. Entre ellas están *los números, el alfabeto, centenares de datos*, y patrones como el *comportamiento animal* o la *fórmula* de algún remedio. Cualquier asunto donde hay algo constante es parte de esta categoría. (Capítulos 1, 2 y 3).

REGULACIÓN – Fuerzas cuyo propósito primordial es hacer que las cosas se mantengan bajo control, y si es posible, mejorarlas. Por ejemplo: *una computadora* puede mantener el tráfico aéreo bajo control... *el páncreas* controla los niveles de azúcar en la sangre... *las leyes* controlan en gran medida el comportamiento de las personas… Es la fuerza controladora detrás de muchas situaciones del diario vivir. (Capítulos 4, 5 y 6).

EXPERIENCIA – Es un recorrido por experiencias que pueden ser determinantes en el desarrollo. (Capítulos 7, 8 y 9).

OBSERVACIÓN – Es un anejo que se encuentra en la parte final. Es parte de las experiencias (la categoría anterior). Son medios que nos ayudan a encontrar información tales como: *los sentidos, el microscopio, los sensores, los diagramas, la simulación…*

----------/////----------

La organización del libro es muy natural, pues sigue los entornos que ha tenido que desentrañar el ser humano a través del tiempo, comenzando con aquello que no cambia *(como las huellas digitales, los mapas, los nombres, la duración del día…)*. Luego, al descubrirse que muchas cosas cambian, hubo la necesidad de "ponerlas en su sitio", y apareció el control. Todo necesita algún tipo de control, aunque no siempre se consigue el mejor.

En su lucha por controlar, el ser humano pasó por muchos años entre conflictos, guerras y pataletas. Luego vino la era de la razón: el hombre hace grandes descubrimientos, y construye maravillosos artefactos que aportan a la calidad de vida en general. El libro termina reseñando un conjunto de herramientas muy útiles y necesarias para seguir trasladándonos dentro del intenso mundo en que vivimos.

La siguiente tabla resume el contenido:

CAP. 1 PATRONES DE FORMAS	CAP. 2 PATRONES ESTÁTICOS	CAP. 3 PATRONES DINÁMICOS
CAP. 4 REGULACIÓN NATURAL	CAP. 5 REGULACIÓN AUTOMÁTICA	CAP. 6 REGULACIÓN HUMANA
CAP. 7 EXPERIENCIA COMÚN	CAP. 8 EXPERIENCIA MUSCULAR	CAP. 9 EXPERIENCIA INTELECTUAL
OBSERVACIÓN (a) Detección y medición	OBSERVACIÓN (b) Recreación estática	OBSERVACIÓN (c) Recreación dinámica

ÍNDICE

Patrones
(y constantes)

Desde sus inicios, el ser humano se ha interesado por *las figuras, las formas, los objetos, las semejanzas, las diferencias,* y de muchos otros detalles que formaban parte de su diario vivir. A veces se complacía dibujando figuras. Dibujó figuras simples como el círculo, y figuras complicadas como los paisajes hasta dominar el arte del dibujo.

Observó al cielo y se preguntaba por su misterio; especialmente, su quieta apariencia. También observó que existían unos **patrones**, o al menos unas cosas invariables en muchos aspectos de su diario vivir ("invariable" significa *que no cambian*).

Un patrón es algo que se repite constantemente. Puede ser una cualidad que se repite, o una misma serie de eventos.

Dibujamos al sol y a los planetas como círculos, lo cual es una bella figura geométrica... A cierto grupo de estrellas siempre lo dibujamos en forma de cacerola... Usamos el mismo símbolo para cada letra, y usamos la misma palabra para el mismo objeto. Usamos patrones para trabajar, y hasta para saludar. Parece que lo que se repite es lo que da mucho sentido a las cosas. Por ejemplo: cuando vemos que los resultados de un experimento se vuelven a repetir, **no importa el sitio ni el momento**, eso motiva a las personas a querer aprender y llenar su cabecita de información importante.

-----------/////-----------

En este libro, cada categoría se divide en tres partes. En esta primera categoría, exploramos tres tipos de patrones: patrones de formas, patrones estáticos, y patrones dinámicos.

1
PATRONES
DE
FORMAS

Patrones de formas

Muchas veces empezamos a adquirir información a través de las formas. Distinguimos formas que son muy familiares de otras que no son tan familiares (como los rostros de las personas, y los sitios donde hemos estado, versus otros entornos menos familiares).

Comenzaremos con uno de los patrones más comunes: los símbolos. Toda forma de **comunicación** humana se efectúa a través de símbolos.

SÍMBOLOS

En los dibujos, en los rótulos, en la matemática, y en casi todo, se usan frecuentemente símbolos. Los símbolos **representan** cosas o conceptos. Por ejemplo, en muchos mapas, una línea simboliza una carretera. Una bandera representa un país. La figura de la luna es el símbolo más usado para representar la noche. El color rojo representa peligro. Las letras con las que está escrito todo esto son símbolos. Ellas representan un sonido.

Los símbolos también pueden representar acciones. El símbolo ÷ significa una operación matemática. El símbolo → puede significar "*sigue por ahí*".

Los símbolos pueden comunicar información, e incluso, emociones. Algunos gestos son símbolos, ya que llevan un mensaje consistente. Mover la cabeza de lado a lado significa "no". Fruncir las cejas es una señal de enojo. Aplaudir es señal de agrado y aceptación. Son acciones **aprendidas** (dependen de la cultura). Pero tienen mucha importancia en las relaciones, y en la comunicación. Actos simbólicos como, hacer arte callejero, quemar una bandera, ayunar, o romper un tabú, se utilizan con bastante frecuencia para expresar fuertes opiniones, o mover a la gente.

Algunos conceptos usan su letra inicial para simbolizarlos. Temperatura muchas veces se escribe "T o t". Oxígeno se escribe "O". Conceptos difusos e imprecisos como *"fácil"*, *"pero"*, *"condición"*, *"estoy"*, *"sinceridad"*, usan su misma palabra para simbolizarlos. Las palabras son símbolos. Toda forma de comunicación humana se efectúa a través de símbolos. Además, cada área del conocimiento puede tener sus propias palabras o simbolismos. Por ejemplo: la matemática, la masonería, el náhuatl ...

El alfabeto, es una estructura que no cambia. Casi todas las civilizaciones modernas lograron desarrollar un alfabeto. La gran excepción es China, el país más poblado del mundo. En culturas como China, se usan ideogramas, no letras. Existe un grupo de esos ideogramas que se re-usan muchas veces. Se llaman raíces. Se repiten en conceptos que tienen mucha relación. Por ejemplo, el siguiente ideograma representa el fuego:

Su figura está presente en casi todo concepto que tiene relación con el fuego (volcán, humo, estufa, horno…). Su pronunciación es "juo". Otros idiomas también tienen sus raíces. La raíz *-itis* significa inflamación *(artritis, bursitis, apendicitis…)*.

Es lógico imaginar, que mientras más antiguas son las cosas, más simples son. **Los lenguajes** pudieron haberse iniciado con palabras que son muy fáciles de pronunciar. Curiosamente, la mayoría de las palabras características del idioma inglés consisten de una sola sílaba: *yes, this, that, it, he she, do, did, as, so, if, but, by, sit, go, eat, tree, come, food, cook, we, are…* (En inglés, muchos verbos adquieren volumen uniendo partículas muy pequeñas como *in, on, out, down, up* a nombres, adjetivos y a otros verbos *(go on, get out, look down, warm up, make up …)*.

Ciertas palabras tienen un origen tan antiguo, que no se sabe de cual idioma vinieron. Pero puede entenderse su antigüedad al percatarnos que existen en idiomas que tienen muy poca relación entre sí como el ruso, el persa y el español. *Fruta, noche, mandar, estrella, escuela,* y muchas más, son algunas de esas palabras tan viejas que fueron parte de un idioma que ya no existe. Son huellas del pasado.

----------/////----------

La palabra **información**, y otras como *fórmula, formato, plataforma, transformación, reforma, deforme, uniforme,* vienen de la palabra *forma.* Es una palabra muy vieja e importante. Como verbo, significaba "moldear" la mente (darle forma a la mente, o, tal vez, adoctrinar).

INFORMACIÓN

Información es todo lo que puede entrar a través de nuestros sentidos. "La casa es azul y tiene un alto techo" "los gatos están peleando". Incluye sensaciones como los colores, olores, sonidos, imágenes, gestos, movimientos, presión, dolor ... También puede incluir comunicación hablada y comunicación escrita. (Ver la última parte del libro).

A veces, una información consiste solamente en una **explicación**: "el gato peleó porque sorprendió a otro gato dentro de su territorio" "me dijo que hirviera el agua para matarle los gérmenes" "lanzaron dardos hacia la luna y de la sangre que ella brotó surgieron los primeros habitantes de nuestro pueblo".

Otras veces consiste en el anuncio de algo nuevo. *"Unifla se casa mañana"*. Mientras más rara y poco frecuente es la información, mayor valor tiene. Situaciones extremas como un terremoto reciente, una declaración de guerra, un nuevo récord mundial, el anuncio de un descubrimiento fantástico, o inteligencia sobre un gobierno, es información de alto nivel debido a su muy poca frecuencia.

Información de alto nivel también puede estar contenida en un modelo.

MODELOS

Los símbolos dependen de la cultura. Por su parte, la información que recibimos puede contener errores. O puede cambiar rápidamente. En cambio, un modelo es algo mucho más serio y confiable. Un **modelo** es una creación humana que pretende representar **BIEN** a algo. Ejemplos: un modelo de casa, un modelo de termómetro, un modelo de atleta, un modelo de malapalabra, un modelo de tortura, un método muy utilizado, una teoría bien explicada, una moneda fuerte ... Un modelo no tiene que ser algo perfecto, pero sí bastante aceptado, aunque solo sea para fines educativos.

Muchas veces, los modelos son explicaciones serias sobre algo de interés. Pueden incluir *texto, dibujos, videos, diagramas, animación*. La teoría del meteorito, por ejemplo, es un modelo que intenta explicar porqué los dinosaurios desaparecieron. El modelo oriental de la medicina explica una manera naturista de tratar a los enfermos. La biología, es un enorme modelo de conocimientos contra el cual **comparamos** información nueva sobre la vida.

Al comparar, estamos investigando cuánto se asemejan o se diferencian las cosas. Y eso incumbe mucho a la matemática.

LA MATEMÁTICA

La matemática es un enorme modelo de conocimiento. Sirve para explicar el mundo y sus complejidades. La matemática también está muy involucrada en el estudio de las formas. La suma, aparece en muchas situaciones donde hay **acumulación** de algo. Ella aparece en el comercio, en la construcción, en los espacios, en las distancias, en los negocios, en las transacciones, etcétera. Sumamos números enteros, números fraccionarios y números en forma decimal: $1.79 + $4.15 = $5.94.

También, se suman conceptos como distancias, áreas, ángulos, fuerzas, fuerzas a diferentes ángulos, cantidades, pesos, velocidades, segundos, minutos, kilómetros...

Otro tipo de suma son las sumas abstractas. Ejemplo:

$$x + x.$$

En la matemática, las letras representan un valor por el momento desconocido. Por ejemplo, $x + x$ es una expresión que significa "un número sumado a sí mismo". La palabra "desconocido", y otras palabras, también pueden usarse. Ejemplo: $desconocido_1 + desconocido_2 = 7$. A los valores desconocidos a veces se les llama "variables".

El propósito de usar letras (o palabras), representando un valor desconocido, es que con eso podemos **formar patrones**. Si decimos que "todos los perros comen carne", estamos invocando un patrón. Agrupar y generalizar son maneras de crear patrones. Si escribimos $X + Y = 7$, entonces X y Y pueden ser cualquier par de números siempre y cuando la suma de ellos sea 7. Es un patrón.

La matemática es una herramienta que tiene mucho poder para describir cosas que están íntimamente relacionadas. Los números están íntimamente relacionados con figuras como el círculo, el triángulo, la línea recta, y otras figuras. Muchas cualidades también están íntimamente relacionadas. Si en los libros de la escuela ves algo como *"trabajo = fuerza x distancia"*, es porque eso ES CIERTO. Ha sido comprobado por algún experimento. (Por ejemplo, al mover un objeto, la fuerza que aplicas está haciendo un trabajo sobre él. Obviamente, mientras más fuerza aplicas para moverlo, más trabajo estás haciendo).

Trabajo, fuerza, y distancia, son cualidades que **se pueden medir**. Por lo tanto, se estudian matemáticamente. Se llaman 'propiedades'. Las propiedades se inventaron para describir las cosas con mucha exactitud. Hay muchísimas. Temperatura, por ejemplo, es una propiedad que nos indica cuan caliente está un material. (ver también la parte 2).

En la matemática, es conveniente aprenderse la tabla de multiplicar, los tipos de números que existen (enteros, fracciones, vectores...), y el lugar que ocupan (numerador, exponente, decenas, centenas...).

GENERALIZACIÓN

En la ciencia, una generalización es una expresión que es cierta para un sinfín de cosas. "Todas las aves tienen plumas" es una generalización que envuelve un montón de animales. Generalizar es el fin que persiguen todas las ciencias. "Las microondas, las ondas de radio, los rayos gama, y la luz, pertenecen al mismo tipo de ondas". Es otra generalización.

Una fórmula es lo mismo, pero al estilo matemático. Una fórmula es una ecuación que expresa una verdad sobre la naturaleza. Por ejemplo, "voltaje ÷ corriente = resistencia" es una fórmula usada en muchas situaciones que tienen que ver con la electricidad. La electricidad es parte de la naturaleza.

(También se le llama fórmula a métodos muy utilizados para conseguir algo).

Las fórmulas fueron descubiertas por mentes muy brillantes. Y las dejaron para que las usemos. Por ejemplo, si el voltaje a través de un material es ocho y la corriente es dos entonces su resistencia es cuatro. *(Resistencia* es una propiedad que indica **cuán fuerte se opone** algo al paso de corriente. El vidrio, por ejemplo, ofrece mucha resistencia mientras que los metales ofrecen muy poca. La ciencia y sus fórmulas pueden ser de mucha ayuda para entender CÓMO se comporta la naturaleza y cómo usarla para nuestro beneficio).

Clasificar es un tipo de generalización.

CLASIFICANDO

La suma aparece en situaciones donde hay **acumulación** de algo. → Especialmente, cosas que se parecen. Y en eso consiste el clasificar. Clasificar es la tarea de reunir cosas que se parecen. Clasificamos a los animales en peligrosos o en mansitos. Algo es frio, tibio o caliente. Los números son enteros o fracciones. A las personas las clasificamos en introvertidas y en extrovertidas. La historia, podemos dividirla en historia política, historia del arte, historia médica, historia de la tecnología... Son clasificaciones dentro de la historia.

Los **adjetivos** son palabras que describen. "Raro, tibio, difícil, importante, peligrosa, incierto, malo, controlable, incontrolable..." son adjetivos. Es un tipo de "conocimiento" (tal vez el más sencillo). Sin él, muchos de nuestros enfoques quedarían en la nada. Los adjetivos ayudan a describir las cosas de innumerables maneras, y en algunas ocasiones, a clasificarlas: solido, líquido, gaseoso..., escaso, muy escaso, inexistente...

Al principio, casi toda la ciencia consistía en *observar, describir, y clasificar*. La matemática, por su parte, era mayormente recreativa. Luego, con el pasar del tiempo, un enorme cambio empezó a cuajarse en todas las áreas del conocimiento. La matemática, se fue introduciendo más y más en el campo de la ciencia. Los números y la matemática ofrecen muchísima más información que la mera clasificación. Los números también son adjetivos.

Pero aun seguimos clasificando. La taxonomía es la manera científica de clasificar.

Tres "palabritas" resulta beneficioso aprenderlas

Una **propiedad** es una cualidad que se puede medir. También incluye cualidades que se contestan muy categóricamente ("ser inflamable"). Una **variable** es una característica objetiva (por ejemplo: "estar lloviendo", "ser líquido"). Eso incluye a todas las propiedades y a otras características. Un **factor** es algo que influye o puede influir sobre un entorno. Incluye cualquier variable y también incluye datos, objetos, acontecimientos, actos, fuerzas, opiniones, valores, emociones, testimonios, y en fin, cualquier cosa que pueda influir o provocar cambios.

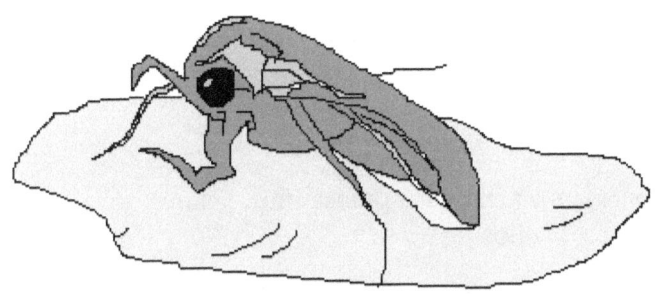

Nombre común: luciérnaga
Clase: insecta
Orden: coleóptero
Familia: lampiridae

TAXONOMÍA

Desde hace muchísimo tiempo, el ser humano se percató **del parecido** que existe entre muchas cosas. Los lobos se parecen a los perros, los planetas se parecen a las estrellas, algunas formas de la sal se parecen al azúcar... Luego, a alguien se le ocurrió agrupar las cosas de acuerdo con sus parecidos físicos, y hasta funciones. Y así nació la taxonomía. La taxonomía es una manera de describir las cosas de forma indirecta: agrupando cosas que se parecen. **Es la ciencia de clasificar.**

Un tipo de taxonomía se encarga principalmente de clasificar a los seres vivos: desde los muy numerosos como las moscas, hasta los que están a punto de desaparecer (como el tigre siberiano, del cual solo quedan 250). También clasifica a los que ya no existen, como los dinosaurios, y los primeros helechos. Estos se acomodan en

23

grupos muy definidos llamados taxones biológicos. Un taxón biológico es un **grupo** de organismos que tienen características en común, especialmente, características genéticas. Algunos tienen nombres muy raros: *los escuamatas, los marsupiales, los coleópteros, las angiospermas, los felinos, los monotremas...*

Las aves se parecen mucho a los dinosaurios, y son catalogadas dentro de ellos.

Estas agrupaciones tienen una jerarquía o un tipo de superioridad. Eso significa que un taxón **puede arropar** a otro. Por ejemplo, los felinos son parte los carnívoros, que son un taxón superior. Los carnívoros por su parte pertenecen a los mamíferos, que son un bando mucho mayor. (Los mamíferos son animales cuyas hembras amamantan a sus crías. Entre ellos están las reses, los monos, las personas, los felinos, los roedores, las ballenas...).

Entre todos los grupos, hay uno que se destaca por la enorme cantidad de especies que hay en él. Es el bando de los coleópteros. También se les llama escarabajos. Son animales que tienen un duro caparazón llamado exoesqueleto. Es el orden con la mayor cantidad de animales. Por su parte, *una espiroqueta*, es un puerquísimo ser que comparte poca similitud con otros organismos familiares.

También se pueden erigir taxones sobre otros temas.

Para describir sitios, la tierra se puede subdividir en *continentes, países, provincias, ciudades, barrios, calles* y *casas*. Hay millones de taxones, comenzando con los de mayor jerarquía, que son los continentes: Asia, África, Europa, Australia, Sudamérica, Norteamérica y Antártida. Le siguen los países, que son alrededor de 200. Una casa, barrio o cuidad hindú, por tendencia, **se parece** más a una hindú que a una chilena o a una rusa. Las palabras, los objetos, las partes de una máquina, la sociedad, las ocupaciones, y hasta los métodos para conseguir algo, también se pueden subdividir en partes más pequeñas de acuerdo con sus parecidos o funciones (*ver* → *módulos*).

Un aspecto interesante de los taxones es que, en situaciones donde hay escasez, a veces un taxón puede reemplazar a otro. Una medicina o antídoto que escasee puede ser sustituido por otro parecido, y salvar igualmente una vida. Si no hay un toro búscate un bisonte... Si no hay silicio, usa germanio... Si no hay un especialista, ve a un generalista... Si no tienes un modelo físico, muéstrales un modelo gráfico.

La taxonomía y las fórmulas son conocimientos muy útiles.

----------/////----------

Mucho antes de que las grandes exploraciones terminaran de poblar la tierra, la gente se estacionaba en regiones que eran prácticamente la misma (sin barreras oceánicas, montañas ni desiertos). Pero con el tiempo, la gente emigró hacia sitios muy lejanos y se formaron las distintas culturas e idiosincrasias. Y con las barreras geográficas, vinieron los diferentes lenguajes y *familias de lenguajes* las cuales tienen muy poco en común.

Los niños, sin embargo, rompen la barrera del idioma con mucha facilidad. Ellos confraternizan con otros niños sin importar raza, país, color, clase social, religión, o intelecto. Esto demuestra lo fútil que es tratar de hacer divisiones artificiales entre los seres humanos. Los científicos no reconocen divisiones por concepto de raza, y otros conceptos artificiales. No existe cualidad alguna que distinga perfectamente un 'negro' de un 'chino' o de un 'blanco'.

Una de las taxonomías más famosas es la que se encarga de organizar a los elementos.

LA TABLA

Tabla de los elementos

Aquí solo se muestra la posición de algunos de los elementos más importantes.

Del reino animal y vegetal pasamos al reino mineral. **La tabla de los elementos** es también una enorme fuente de información en donde elementos como el oro, el cloro y el calcio, se organizan desde el más simple hasta el más complejo. En muchos casos, su complejidad es tal que adquieren propiedades especiales. Elementos como el uranio (# 92), y otros, no son estables. Continuamente se están desintegrando y formando elementos más simples como resultado de esa desintegración. Al final, el uranio se convierte en plomo (# 82). Esa propiedad se llama radiactividad y es tan útil como destructiva en sus fines.

Los elementos son las sustancias más simples que existen. Muchos se encuentran dentro de nuestro cuerpo en pequeñas cantidades. *Calcio, hierro, potasio, y oxígeno* son algunos de los elementos sin los cuales no pudiésemos vivir. Por ejemplo, la sangre necesita hierro para poder transportar oxigeno por todo el cuerpo. El ácido que hace que nuestro estómago digiera los alimentos necesita *cloro*, que puede encontrarse en la sal.

----------/////----------

Muchos elementos no se encuentran libres. Están unidos a otros elementos. Uno de los logros más importantes de la ciencia ha sido separar a los elementos de sus mezclas o de sus compuestos, y así poder estudiarlos o hacer otros materiales con ellos. El irlandés Robert Boyle fue quien destapó el concepto de los elementos.

Un compuesto, es una sustancia química formada por más de un elemento *(como el agua, el amoniaco, y la sal)*. La sal contiene cloro y sodio. El amoniaco contiene hidrogeno y nitrógeno. La ciencia ha avanzado muchísimo produciendo compuestos y sustancias con características muy especiales. Existen desde ácidos fuertísimos, hasta sólidos con cualidades muy útiles como *flexibilidad, fortaleza, ligereza...* para usos en las comunicaciones, en la construcción, en la transportación, en la energía, en la medicina…

Por sus características y usos, **los plásticos** son unos materiales a los cuales ningún otro se les parece. Y con *el acero,* se pueden construir enormes puentes y los más altos rascacielos. Recientemente, se ha creado una veintena de materiales con características que rayan en lo irreal. El silicio, es un elemento que al ser levemente contaminado hace maravillas en el campo de la electrónica. El silicio se encuentra en la arena. Por su parte, materiales muy puros *(como el agua pura, el cuarzo, algunos gases, los metales),* tienen un enorme valor en experimentos y en aparatos que sirven para detectar y para **medir**.

----------/////----------

Algunas sustancias tienen unas cualidades muy fieles y unas formas bien definidas. El peso de un litro de benceno es siempre el mismo en la India o en el Perú. El hierro siempre se derrite a la misma temperatura aquí o en la China. La llama de muchos materiales nos puede indicar de su presencia. Por ejemplo, la llama del *sodio* es de un amarillo intenso.

Muchos elementos reaccionan de una manera matemática con otros elementos, y muchas sustancias tienen una *forma específica* en la cual están posicionados sus componentes más pequeños llamados *"átomos"*. **Un átomo**, es la porción más diminuta de un elemento. Es la cantidad más pequeña del mismo. La palabra *"átomo"* significa "que no se puede dividir ni partir más".

Los átomos no siempre son partículas estables, y, por lo tanto, buscan la unión con otros átomos que los estabilicen. Y eso forma una molécula. Una **molécula** es la porción más diminuta y estable de una sustancia. Dos átomos del elemento hidrógeno y un átomo del elemento oxígeno crean la molécula H_2O, la cual es una molécula estable. Es el agua. La del ácido de batería es H_2SO_4. La de éste contiene un ingrediente adicional: azufre. El azufre (S), les da un olor característico a las cosas. Con el ácido de batería se puede hacer un fertilizante muy poderoso llamado sulfato de amonio. Solo hay que mezclarlo con *amoniaco*.

Lo importante de la tabla periódica, es que, aun cuando los elementos tienen diferentes tamaños y complejidades, si están bajo una misma columna exhibirán características similares. Esa es la magia de la tabla periódica. Por ejemplo, carbono (#6) y silicio (#14) son tan sociales que producen una infinita cantidad de sustancias incluyendo el insidioso monóxido de carbono. Pero los que están en la última columna no forman nada nuevo. Son los más solitarios.

-----------/////-----------

Este modo visual de organizar a los elementos ha tenido modificaciones y añadiduras. Pero su **forma** es prácticamente la misma. Una de las añadiduras ha sido el descubrimiento de isótopos. Son diferentes tipos de un mismo elemento. (Sí, un elemento puede tener variaciones de él mismo en donde algunas de sus cualidades pueden cambiar. Pero su forma de reaccionar con otros elementos y hacer las mismas sustancias, no cambia).

Mientras que la tabla periódica, la matemática, los animales, y otras cosas, tienen un orden muy visible, hay cosas que no lo tienen. Son cosas irregulares.

PATRONES IRREGULARES

Hay *patrones* cuya forma es muy irregular. Son como algo sin una forma elegante y ordenada. Ejemplos son los mapas, las partes del cuerpo, **y la historia** de algo con sus huellas y memorias (como la historia escrita). Estas construcciones tienen un amplio alcance, son invariables, y altamente reconocibles, lo que las convierte en una herramienta valiosa.

Muchos mapas llevan superpuestos otros tipos de información. Pueden incluir accidentes geográficos como las montañas, construcciones urbanas, huracanes...

Los mapas se usan dondequiera. Los usa desde el conductor de un vehículo, hasta los que estudian el universo. Aquellos que muestran desiertos y montañas nos pueden revelar algo de la historia. Los mapas nos pueden indicar porqué culturas como China, Europa, gran parte de África y América no se conocían entre sí. Esto ha sido debido mayormente a barreras físicas como océanos, desiertos y montañas.

En algunos sitios, barreras naturales como ríos y montes han protegido a sus habitantes de invasiones. Los estrechos, de su parte, son especialmente importantes debido a su poca anchura. Cerca de ellos se pueden apostar soldados y vigilantes. Las islas griegas y las islas británicas son un ejemplo. Su separación del resto de Europa las ha protegido de muchos de los conflictos que ocurrían en el resto del continente.

Los caminos, de su parte, forjaron los pueblos. Les daban su valor y los "ponían en el mapa". Las primeras grandes civilizaciones se formaron a lo largo de enormes ríos cruzados por caminos como *la ruta de la seda*.

La ruta de la seda fue un fenómeno económico, político y cultural que unió a un sinfín de personas que vivieron en sus orillas. Eran rutas de comercio que atravesaban Asia y Europa durante la edad media. Los pueblos que se beneficiaron con ella llevaron no solo seda a otras partes, sino remedios medicinales, perfumes, perlas, especias e inventos como la brújula, la pólvora y el papel. El comercio crea sociedades más avanzadas ya que a través de él también se intercambian ideas.

La historia

La historia escrita tiene un patrón. **Palabras claves** tienen una mayor presencia que otras en documentos históricos. La palabra "holocausto", por ejemplo, tiene una presencia mucho mayor en historias sobre la segunda guerra mundial que en historias sobre África colonial. La historia, cuando está bien documentada, es una fuente de conocimiento muy útil. Ayuda a entender el presente, pues revela muchas de las fuentes y las causas del estado actual de las cosas.

El "descubrimiento" de América, fue un suceso inesperado provocado por el estado tan desafortunado en el que se encontraban algunas naciones que querían comerciar a través de la ruta de la seda y sus anhelados productos. Naciones como Portugal, España e Inglaterra eran los últimos en la ruta y tenían que pagar un altísimo precio debido a los impuestos y a las enormes distancias. Eso los obligó a tirarse a la mar en búsqueda de otras rutas comerciales. El descubrimiento de América no solo marcó un precedente en la historia comercial, sino que desató una incursión desenfrenada hacia mundos y hacia culturas que no se conocían.

Antes de la era de los descubrimientos, era muy normal la existencia de especies y de culturas muy diferentes en cada lugar. Por ejemplo, el tabaco, las papas, el tomate, y el maíz no eran conocidos en el viejo mundo. Son originarios de América. Pero los indígenas de América no tenían caballos, camellos, azúcar, y otras comodidades. Tampoco conocían la rueda ni la escritura formal. Mientras que los indígenas se aterraban al ver a un caballo por primera vez, los europeos se aterrorizaban al ver a una persona botando humo por la boca.

-----------/////-----------

"Las estrellas son soles", decía Nicolás de Cusa. Las constelaciones se componen de estrellas que se mueven a una velocidad tremenda. Pero en el lapso de una vida humana no se puede apreciar ese cambio. Las estrellas están tan y tan lejos que su movimiento es imperceptible. Solo podemos dibujarlas y confiar en que alguien de un futuro lejano observe los cambios. Otras huellas que ha dejado la naturaleza en el pasar de los años son *las erosiones, fósiles de enormes dimensiones, la luz de estrellas muy lejanas, elementos radiactivos, cráteres, pisadas, y la forma de los continentes.* Y junto con el hombre, sitios urbanos y artefactos prehistóricos que aún permanecen enterrados.

Observar a las estrellas es mirar al pasado. Lo que se observa ocurrió hace mucho tiempo. Si en el día de hoy algo le ocurriese a alguno de esos astros, en la Tierra lo observaríamos luego de muchos, talvez, millones de años.

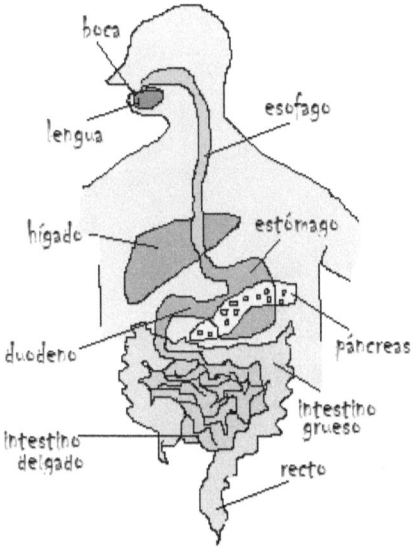

35

Pero existe una huella que no puede taparse: el gran parecido en muchos aspectos entre el hombre y los grandes simios. Los siguientes patrones son *patrones de formas*, y tienen mucho valor.

A fuerza de coraje, y deseo por mejorar, ya para el siglo 14 casi todos los rincones del mundo habían sido descubiertos. Esto fue así a pesar de las frágiles embarcaciones que surcaban los mares durante esos días.

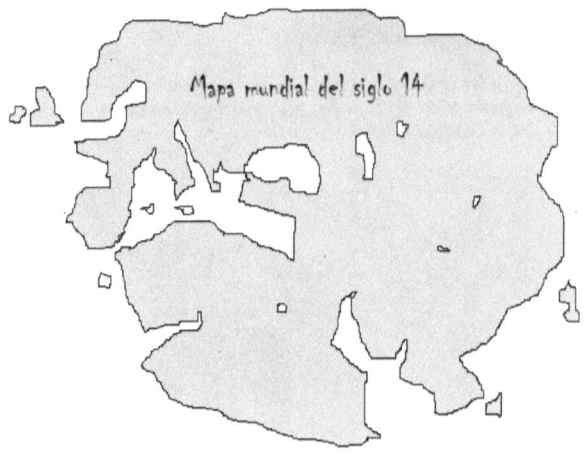

PATRONES ESPECIALES

Algunos patrones son tan especiales que no podemos ignorarlos ni menospreciar su uso. La firma de una persona, o su manera de escribir, son **patrones de formas** que indiscutiblemente distinguen a esa persona de otra. Son como su retrato, *una propiedad de la persona*. De la misma manera lo son sus huellas digitales y su ADN. Es extremadamente difícil, si no imposible, copiar el modo exacto de escribir de otra persona. Es por eso que dichas herramientas son de un enorme valor para casos de fraude y para el campo de la criminología. Las huellas digitales y el ADN ubican a una persona en un sitio.

El ADN es un hacedor de formas. Su mecanismo es la repetición. El ADN repite las formas de los animales y otras características que son esenciales para la vida y para competir en el ambiente.

La palabra "forma" se relaciona con la palabra información. Muchas, pero muchas veces, empezamos a adquirir información a través de las formas. Distinguimos formas que son muy familiares de otras que no son muy familiares (como los rostros de las personas y los sitios donde hemos estado (y sus símbolos), versus entornos menos familiares).

Algunas formas provocan emociones: las formas simétricas resultan atractivas. Los animales (y las personas) se sienten más atraídos hacia compañeros que tienen cuerpos simétricos. Y es que se ha encontrado una relación positiva entre buenos genes y la

Algunos utilizan estos patrones para desarrollar maneras de interpretar la realidad: lectura de manos, lectura de cartas con símbolos, lectura de la firma, lectura de huellas digitales, numerología, lectura de los astros (astrología), lectura del rostro, alquimia, caracoles, retrospección...

simetría. Otras formas provocan repulsión. Objetos que poseen muchos huecos regularmente repartidos provocan repulsión en algunas personas (tal vez como respuesta instintiva ante algo que podría ser peligroso. Huecos muy juntos se observan en los panales de abejas y en algunas enfermedades). Estas reacciones se tornan repetitivas.

Lo raro también puede atraer. Una película de terror contiene formas raras. Y son anheladas por mucha gente.

La gente ha encontrado conexiones entre figuras **geométricas** y patrones de la naturaleza. *La línea recta* se observa en los rayos del sol y en la ladera de ciertos volcanes; el *círculo* se aprecia en la luna llena y en la pupila del ojo; la forma *ondulada* se ve en muchas vibraciones (como cuando cae una gota en el agua); la *curva* se aprecia en el arcoíris y en la trayectoria de una pelota de béisbol… No debe pues, sorprendernos, que el juntar la matemática con la naturaleza haya sido el paso más decisivo para entender cientos de cuestiones sobre el mundo y todo lo que nos rodea.

Más importante aún: existe algo muy relacionado con los **círculos**. **Son los ciclos**. Los ciclos son fenómenos muy organizados. Se habla del ciclo de la vida, del ciclo de las estaciones, del ciclo del carbono, del ciclo del agua, y de muchos otros. Un ciclo es una serie de eventos que después de cierto tiempo vuelven a repetirse. Es como si la misma historia volviera a repetirse. Muchas de

las actividades que realiza el hombre también son repetitivas. Incluye **métodos** para conseguir algo. Se guardan en la memoria, y se transmiten de generación en generación.

MÉTODOS MUY REPETIDOS

No solo en la matemática existen reglas y pasos que **se repiten y repiten**. En el mundo real también hay pasos que se repiten religiosamente. Desde épocas muy lejanas, el hombre seguía los mismos pasos hacer fuego, hacer objetos filosos, cazar animales, domesticarlos, hacer ropa, sembrar, hacer embarcaciones, etcétera, sin siquiera conocer la escritura. Ver también → diagramas de flujo.

Prácticamente seguimos el mismo patrón básico en muchas actividades. También repetimos los mismos pasos en muchas industrias. Un área donde se repiten con mucha frecuencia los mismos pasos es en **la química**. La química es la ciencia que brega con todo tipo de materiales como el agua, la arena, los ácidos, los metales, los gases… y con las transformaciones que ocurren en ellos. Se le conoce como "la ciencia central".

Hay instrucciones muy sencillas que consisten solamente en *posicionar* las cosas de una manera específica, incluyendo mezclar/separar cosas, o darles **forma** con tornos y moldes. Otras instrucciones envuelven numerosísimos y repetidos pasos. Los programas de computadora son un bello ejemplo de instrucciones desde el punto de vista científico. Son empleados para muchísimos usos. Los más comunes son:

- *Escribir documentos*
- *Simular, diseñar, y desarrollar algo*
- *Operar o controlar algo*
- *Comunicarnos con millones de personas*

(Al día de hoy, la simulación por computadora es el único método universal para resolver problemas muy complicados).

En el internet hay sitios como **ehow.com** destinados para hacer sencillas tareas. Pero puede haber para casos tan diversos como *técnicas de supervivencia, técnicas de medicina, cómo hacer fuego, cómo reparar un equipo, cómo construir un bote, cómo comportarse...*

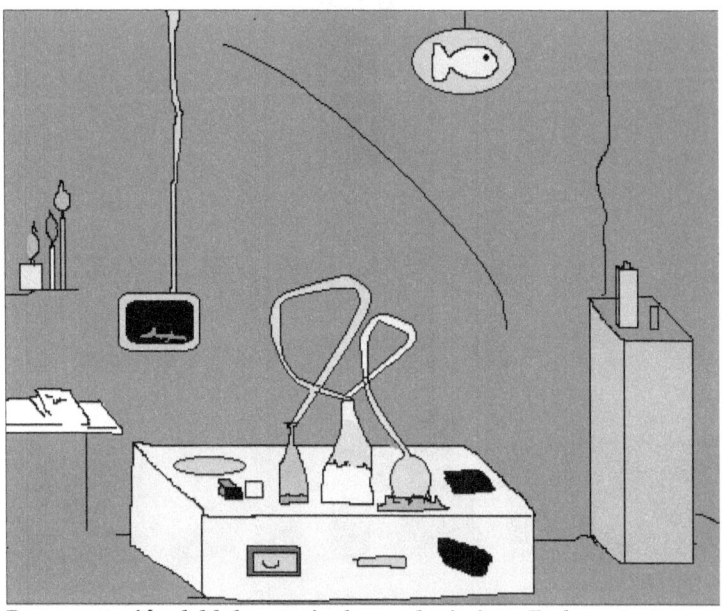

Representación del laboratorio de un alquimista. *En los principios de la química, muchas recetas fueron guardadas celosamente por grupos muy reducidos de personas llamadas alquimistas (nombre antiguo de las personas que se dedicaban a hacer sustancias químicas). La vieja alquimia estaba envuelta en un misterioso velo de secretismo y poder. Tenía una rara simbología y un misticismo parecido al de la astrología para hacerla más escabrosa (ver → símbolos). Tenía muchas lagunas y preguntas sin resolver. Muchos guardaron sus secretos hasta la muerte, y otros fueron tachados de charlatanes. La matemática también tuvo su tiempo de aspereza. No fue sino hasta el siglo 18 cuando los intensos cuestionamientos sobre la alquimia empezaron a ser resueltos, y llevaron su magia y su misticismo a su fin.*

2

PATRONES ESTÁTICOS

"No hay cosa más constante en el universo que la velocidad de la luz.''.

Patrones estáticos

Muchas de las preguntas que nos hacemos todos los días se contestan con un SÍ o con un NO: *¿hicieron la subasta?* *¿viene crepúsculo a comer?* *¿estamos en Ponce?* Pero para otras, no basta con un sí o con un no. Es necesario más información. Información extra se encuentra en la tarea de medir.

Desde midiendo las cosas "a ojo", hasta midiéndolas con el uso de instrumentos sofisticados, el acto de medir ha estado presente de alguna manera o de otra en cada uno de nosotros.

EL ARTE DE MEDIR

El hombre de antes tenía muchas inquietudes. No estaba conforme con su experiencia y astucia. El ser humano quería NO equivocarse. Quería información tan precisa como fuera posible. Pero no se podía llegar a ese objetivo usando solamente el sentido común. Había que establecer **un orden que no cambiara con el paso del tiempo.** Por lo tanto, podía comenzar ordenando el tiempo.

El tiempo que tarda la tierra en dar una vuelta alrededor del sol, es un año, y es la base para describir los tiempos. Luego, podemos designar como "año 1", a aquel en donde ocurre un evento importantísimo. En las comunidades cristianas se toma el nacimiento de Jesucristo como ese evento. Y si hacemos que los años duren 365 días, entonces, los eventos atmosféricos como los huracanes, las sequías, y los monzones, ocurrirán **siempre** durante los mismos meses del año. Días oscuros y fríos o días calurosos y claros también. Todo eso permite que nos preparemos a tiempo antes de que lleguen esas inconveniencias. Y si queremos enterarnos sobre la intensidad de algo, tenemos que inventar métodos muy confiables de medir. Medir es un arte. Las cosas y los eventos se miden en **cualidades** como *peso, temperatura, velocidad, distancia, pH, dureza, etcétera*. (ver parte 1, propiedades).

Anteriormente, existían métodos muy calle para enterarnos sobre la intensidad de algo. Las manos se utilizaban para probar si alguien tiene fiebre... Los pies (su largo), y el antebrazo, eran utilizados para medir cortas distancias... Con la sombra de un objeto se estimaba la hora del día... Al peso de un frijol se le asignaba un valor de 1. Entonces, el peso de otro objeto liviano lo calculaban usando una balanza común y observando **cuántos** frijoles lo igualan en peso.

Lógicamente, los viejos métodos de los viejos tiempos eran muy poco confiables. No servían para montar un buen sistema.

Pero las cosas han cambiado. Con el increíble avance en la tecnología, el nivel de precisión en las mediciones de hoy día es extraordinario. Hoy día se puede hasta pesar el punto en que termina esta oración.

Medir es comparar. Al medir, estamos comparando algo contra **un modelo**. Son modelos de distancia, modelos de tiempo, modelos de peso, modelos de dureza, y de muchas otras cualidades. La siguiente lista recoge algunos:

- *El metro (m) – modelo de distancia*

44

- *El segundo (s) - modelo de tiempo*
- *El kilogramo (kg) – modelo de masa y peso*
- *Voltio - unidad básica de tensión eléctrica o voltaje*
- *La temperatura en que el agua hierve (100°c)*
- *La temperatura en que el agua se congela (0°c)*
- *Pie (ft) – modelo de distancia en EE. UU.*
- *La libra – el modelo de peso en EE.UU.*

También se llaman "unidades de medir". Se usan para comparar contra ellas y saber **cuán intenso** algo es. Por ejemplo, el número de voltios nos dice cuán intenso es un voltaje. Para ello se pueden necesitar instrumentos como balanzas, relojes, voltímetros… (Los instrumentos de medir están entre las herramientas más viejas inventadas por el hombre. Al principio eran extremadamente simples. Incluso, partes del cuerpo humano se utilizaban para eso).

Hoy día, cometer errores en las medidas, u omitirlas, es un error imperdonable en muchas áreas como en la *medicina* y en la *construcción*. Como dato curioso, un error en medición llevó a Cristóbal Colón a pensar que podía llegar a las islas de las especias yendo por el oeste. Siempre creyó que América eran esas islas. Pero no eran. Todavía tenía que sortear un vastísimo océano para llegar a ellas.

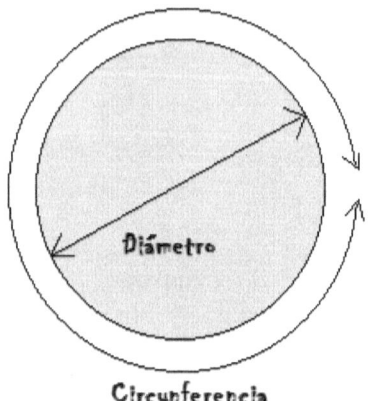

Diámetro

Circunferencia

Aunque muchos "sabemos" lo que es un metro, un kilogramo, un minuto, la ciencia lo explica mejor. Al igual que "cinco" es un concepto matemático, el metro, el kilogramo, y el minuto son conceptos científicos. Forman parte del lenguaje de la ciencia.

*Existen unas magnitudes que se encuentran en la naturaleza, y que nunca cambian. Al no cambiar, se utilizan como modelos para hacer mediciones. Se llaman "constantes universales". Por ejemplo, la velocidad de la luz en el espacio es un valor constante. Es casi 300,000 kilómetros por segundo, y es utilizado para **ayudar a definir** el mismo metro.*

Hay números más especiales que otros. El número "pi" es uno de ellos. Su valor aproximado es 3,14. Ese número es el resultado de la división entre lo que mide la circunferencia de un círculo y su diámetro. Para calcularlo, anteriormente se dibujaba un círculo, y con una cinta métrica se medía su circunferencia y su diámetro. Hoy día se usan técnicas puramente matemáticas. Otro número especial es 2,72. Ese número aparece en muchas situaciones donde algo cambia de manera natural. Por ejemplo, cuando dejas enfriar tu comida, su temperatura

46

cambia naturalmente. Ese número incluso nos ayuda a calcular el largo tiempo que ha transcurrido desde eventos muy viejos.

Otras magnitudes muy importantes
Aparte de los números, y de las unidades de medir, existen otros conceptos que son constantes, y que son importantes. Un ejemplo es la temperatura en la cual el hierro se derrite bajo condiciones normales, la cual el 2800°F. Ese dato es importante para el trabajo industrial del hierro. La edad promedio de mortandad dentro de un territorio es también un dato importante que utilizan las compañías de seguro para determinar el monto de la cuota básica. El primero es

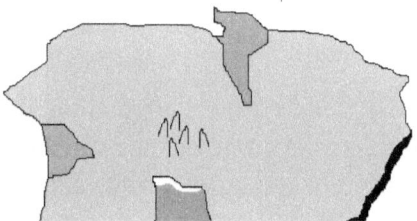

*Calcular **áreas** y **volúmenes** era uno de los problemas que más inquietaban a los antiguos. Por ejemplo, si vas a sembrar en un terreno plano, el área del terreno te puede indicar cuántos arboles puedes sembrar en él. Poco importa aquí la forma que tiene el terreno. Para asegurar la pureza del oro, se determinaba el volumen de la muestra y su peso. Al dividir uno por el otro, daba un valor que es único para cada elemento.*

un **dato** científico y el segundo es un **dato** social. Algunos los llaman *estadísticas*.

Una estadística es un dato numérico que no cambia mucho con el tiempo, y que por lo tanto, se puede confiar en él. Muchas son *valores promedio*. Récords mundiales también son estadísticas, aunque se apartan del promedio. Tampoco quita mencionar otros datos de menor importancia, pero fijos, como, la distancia desde Ponce a San juan, la densidad del ácido fosfórico, bancos de datos, etcétera.

Tanto ha sido el éxito en el arte de medir, que no faltaron quienes extendieron ese éxito a áreas muy exóticas. Ahora se mide la velocidad del viento, las calorías de un refresco, el nivel de corrupción, la eficiencia de una máquina, la estabilidad de un sistema, la salud en la bolsa de valores, el crédito de Unifla, la vejez de una huella, la toxicidad de un veneno, el grado de árabe que tienes en tu sangre...

Los exámenes también se crean para medir. Ellos miden las habilidades de las personas, y hasta defectos.

Las unidades de medir, no guardan relación con casi nada. Son algo así como cositas antisociales. Solo sirven para medir. Pero ese no es el caso con los siguientes patrones.

3

PATRONES DINÁMICOS

Patrones dinámicos

Los patrones anteriores son patrones muy fijos. Prácticamente no cambian. Ellos están relacionados con los números y con las unidades de medir. De su parte, los patrones dinámicos, son aquellos en los cuales las características pueden cambiar apreciablemente.

La naturaleza se compone de fenómenos. La luz, la lluvia, los terremotos, los fuegos, la electricidad, la vida, y hasta las enfermedades, son fenómenos. **Son maneras en que la naturaleza se manifiesta, y que pueden observarse.**

Pero antes de seguir hablando sobre fenómenos y eventos, tenemos que hablar sobre variables. Una variable es un rasgo muy claro. Por ejemplo, el peso, es un rasgo muy claro. Y cambia de objeto a objeto.

Este es el reino de las variables.

VARIABLES

La temperatura del aire cambia. La estatura de un niño cambia. Su peso cambia. Al descomponerse, una fruta cambia de forma y color. La popularidad de un candidato cambia. Su esmero por ti cambia tan rápido como un rayo. Los niveles de estrés cambian. Algo que en la tierra pesa 80 libras, en la luna pesa 13. La calidad de un equipo puede variar debido a su marca o vejez. Los precios cambian. La fuerza de un huracán cambia. La posibilidad de fuego puede cambiar. La cantidad de nacimientos por día cambia (y también, dependiendo del sitio).

Ya que muchas cosas son tan cambiantes y caprichosas, nos inventamos el concepto de variables. **Una variable es un rasgo o una característica que puede medirse o constatarse muy claramente**, y que puede cambiar. Todas las propiedades son variables: peso, temperatura, tamaño, velocidad, área, altura, duración, distancia, edad, concentración de esto y de aquello, voltaje, son variables. Precio, cantidad de algo, y características **genéticas también** son variables.

La mera presencia (o ausencia) de una característica clara, es también una variable: ¿hay radiactividad? ¿tiene mercurio? ¿sabe nadar? ¿le dieron la pastilla? ¿fiebre? ¿tiene las pupilas dilatadas? ¿hubo más de diez personas? ¿estaba Restituta en la escena? ¿se escapó? ¿dio la firma?...

Estas últimas se llaman variables binarias, y normalmente se contestan con un SÍ o NO.

Las variables pueden llevar a información muy importante.

El dato más importante de las variables es que existen relaciones entre ellas. Por ejemplo, $e = mc^2$ es una expresión que muestra la relación entre *energía y masa*. La *masa* de un objeto, a su vez, tiene relación con su *peso*. Pupilas dilatadas es muchas veces señal de intoxicación. Consumo total de ácido sulfúrico está relacionado con el grado de desarrollo de un país. Todo esto significa que, aunque no tengamos información sobre algo, podemos deducirla si sabemos la relación que tiene con otras cosas.

RELACIONES

Una relación es un tipo de información que habla de **conexiones**. Dos cosas (o más) pueden tener una relación muy fuerte entre sí. Todos los números, por ejemplo, tienen una relación perfecta entre ellos (nunca cambia). Una persona y sus huellas digitales tienen una relación única entre ellos. Hay muchos tipos de relaciones; desde simples y burdas coincidencias, hasta **relaciones de causa y efecto**.

Podemos relacionar a dos cosas o más buscando características que sean comunes. Relacionamos a los ojos con la luna debido a que ambos son redondos. Es una manera muy burda de relacionar las cosas. En una relación de amistad, existe un sentimiento **común**: la confianza. Un torpe ladrón, y el sitio donde produjo el robo poseen una información en **común**: mismas huellas digitales. Las partes de un carro, o de un avión, persiguen un objetivo en **común**: transportar.

Encontrar relaciones muy fuertes nos ayuda a predecir el futuro, y hasta dilucidar el pasado. Las más fuertes son las que tienen un sentido matemático. En un *triángulo* como en el siguiente,

$$\text{distancia}_1 \div \text{distancia}_2 = \text{distancia}_3 \div \text{distancia}_4.$$

Por ejemplo: Si distancia$_1$, distancia$_2$ y distancia$_4$ son 3, 15 y 21 respectivamente, entonces distancia$_3$ será 105. (Haz el cálculo). En otras palabras, podemos calcular distancias enormes midiendo distancias pequeñas. De esa manera, usamos la división para algo útil.

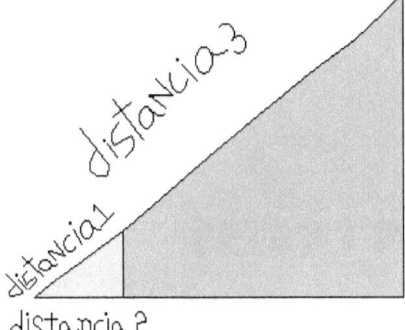

distancia 2

distancia 4

Distancia *es una variable muy presente no solo en las matemáticas, sino también en las ciencias, Especialmente, en las relaciones de causa y efecto: "cuanto más me acercaba al animal, más ansioso se ponía" "aumentaron el distanciamiento y acabaron con la pandemia" "unió dos sustancias y produjo una nueva sustancia" "mientras más estiraba el resorte, más fuerza presentaba" ...*

Muchas relaciones se pueden vincular con la matemática: desde los lados de un triángulo hasta relaciones de causa y efecto. En las **relaciones de causa y efecto**, una cosa afecta a otra cosa, o hace que suceda: *"mezcló varias sustancias y produjo una nueva sustancia" "hirvió el agua y mató todos sus gérmenes" "lloró debido a la emoción" "el plomo causa deficiencia intelectual" "al **no hacer** la subasta los acusaron de corrupción".*

FRACCIONES Y TASAS

Una fracción es un número que no es entero. 3/5 es una fracción. Es otra clase de números, y siguen las mismas reglas que cualquier otro número.

Las fracciones te permiten **comparar**. Si Víctor completa un trabajo en tres horas, y Carlos en cinco horas, entonces Víctor tardó 3/5 **en comparación** con Carlos.

Un concepto que emerge de las fracciones, y de las comparaciones, es algo que se conoce cono *tasa*. Ejemplos:

- *Sucedieron 120 robos **EN** 180 días.*
- *Hubo dieciocho robos **EN** ocho días.*
- *Restituta falló en ocho **DE** nueve preguntas.*
- *Mongolia tiene 1.99 habitantes **POR** kilómetro cuadrado.*
- *Su casa es 3 veces más grande **QUE** la nuestra.*
- *Hora extra se pagará el doble **QUE** la anterior.*
- *En macondoplex, 22 **POR** ciento de su gente no sabe leer.*
- *En los manicomios de macondoplex, uno **DE** cada ochenta pacientes no sabe leer.*

Una *tasa* es parecida a una fracción. De hecho, muchas tasas pueden escribirse en forma de fracción, y tratarse como si fueran fracciones. Sucede que muchas de ellas se mantienen en el tiempo. No cambian, o cambian muy poco a menos que ocurra algo inesperado. Eso se usa para **predecir**. Por ejemplo, en el básquetbol, hay jugadores que tienen un promedio de 20 puntos **por** juego. Podemos esperar lo mismo (o casi lo mismo) en muchos juegos, ya que el talento usualmente se conserva por mucho tiempo.

En el primero de los ejemplos, Tasa de robos = 120 robos/180 días. O lo que es prácticamente igual, 2 robos cada 3 días.

En ese primer ejemplo, se puede predecir cuán seguro será el sitio (o país) durante los próximos meses (o quizás años). Pero en el segundo de los ejemplos, la información dada no es suficiente. Sabemos que ocho días no es suficiente tiempo para predecir información sobre la sociedad y sus problemas. De las últimas dos tasas se puede inferir que (en ese país) el no saber leer aleja el manicomio. El próximo paso sería averiguar *porqué*).

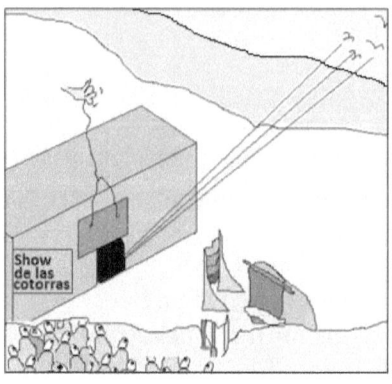

"Estas aves tienen un 99.99% de éxito. Es que hoy nos tocó el .01%."
Los porcientos son tasas. Son el tipo de tasa con el cual estamos más
familiarizados. "Ese vestido tiene un 55% de descuento".

*"Hay 39.4 pulgadas **por** cada metro". Factores de conversión también*
son tasas. Se usan para cambiar de una unidad de medir a otra de la
misma clase. Los factores de conversión no traen nueva información.

RELACIONES DIRECTAS (E INDIRECTAS)

Una relación directa es aquella que cuando algo sube en intensidad, otra cosa normalmente sube en intensidad. Y viceversa. Mientras tanto, una relación indirecta es aquella que cuando algo sube en intensidad, otra cosa normalmente baja su intensidad.

Algunas provienen del folclor de la gente. Y a veces encierran una **relación de causa y efecto**.

Ejemplos:

- *A mayor educación, mayor ingreso.*
- *A mayor sodio, mayor riesgo de alta presión*
- *A mayor práctica, mejor desempeño.*
- *A mayor la demanda, más sube el precio*
- *Mientras más nos alejábamos de la ciudad, más cool era la gente.*
- *A mayor población, mayores problemas sociales y ambientales.*
- *A mayor consumo de azúcar mayor probabilidad de obesidad.*
- *A mayor resistencia, menor la corriente (relación indirecta)*

A veces cuesta mucho trabajo llegar hasta aquí. Información muy parecida a ésta se consigue luego de muchos años trabajando en asuntos requetedifíciles. Y mucha de esa información se escribe en tablas y no pasa nada más. Pero otras se pueden expresar en forma de tasa o **ecuación**.

FUNCIONES

Muchas relaciones directas son funciones. Una función es un tipo de relación en donde el valor de una variable **depende** específicamente del valor de otra variable. Por ejemplo, *el peso* de un pez marlín depende de su tamaño. Por lo tanto, *es función* del tamaño. La población mundial aumenta con el tiempo. Por lo tanto, *es función* del tiempo.

Más que nada, la relación debe ser única. Eso significa que, por ejemplo, no pueden haber dos pesos a la misma vez para un mismo tamaño, ni dos poblaciones diferentes en un mismo momento. Aunque esto suena obvio, es preciso aclararlo para no arrastrar hacia ella factores inoportunos, y hacer de ella una función fuerte.

En la ecuación $y = x^2 + x$, el valor de la variable "y" depende del valor de la variable "x". Se dice entonces que y *es función* de x. El hombre también crea funciones. El costo de un envío de correo depende de su peso. Por lo tanto, *es función* del peso.

Las funciones tienen un sentido. No son cualquier cosa. Hay una regla o un patrón envuelto.

Una manera muy simple de presentar una función es por medio de una tablita. La siguiente tablita puede describir la fuerza que hace un elástico al estirarlo. "X" representaría el estiramiento y "Y" representaría la fuerza. O puede representar el peso de un envío de correo y la cantidad a pagar. O puede representar una ecuación como $Y = X^2 + X$. (En esta tabla no se introdujeron las unidades de medir con el propósito de simplificar la explicación).

La tabla es una manera sencilla de expresar una función. Pero la manera más efectiva de presentar una función es usando coordenadas. Las coordenadas ayudan a visualizar temas puramente complicados, detectar patrones, y hasta **derivar ecuaciones** (ver parte 9 → coordenadas).

El anhelo de muchos científicos es convertir cualquier tipo de conocimiento en forma matemática. La culminación puede llegar a fórmulas y a generalizaciones tan chulas como las siguientes.

LAS LEYES
DE LA CIENCIA

X	Y
0	0
1	2
2	6
3	12

etc.

Las leyes de la ciencia son el resumen de numerosos resultados de experimentos. Dicho resumen casi siempre consiste en **ecuaciones**. Ellas nos informan cómo son las cosas desde los niveles más básicos. Son una lista de las relaciones más unidas que se hayan encontrado hasta ahora. Nada es más esencial que lo que presentan las leyes de la ciencia. Por lo tanto, es información que nadie puede refutar con facilidad. Por eso se llaman leyes. Ellas ayudan a ver muy lejos ya que relacionan a dos o más variables entre sí. Y las variables son un manto de información valiosa. Las leyes han sido descubiertas por mentes muy brillantes. Son alrededor de 50.

Hay leyes relacionadas con el acto de medir. Las *leyes de conservación* nos dicen que existe un conjunto de cualidades que se mantienen constantes, no importa las vueltas que de el destino. **El valor total de la energía del universo**, por ejemplo, es constante. Eso también ocurre en sitios aislados, y con **otras** cualidades. La cantidad total de carga eléctrica dentro de un sitio aislado es constante. Las leyes de conservación son las leyes más importantes de la ciencia.

Otros ejemplos:

- *Toda vida se compone de genes*
- *Fuerza = masa x aceleración (f=ma)*
- *La masa es otra forma de energía (e = mc^2)*
- *La energía no se puede crear ni deshacer*
- *La oferta y la demanda crean los precios*
- *Electricidad y magnetismo son caras de un mismo fenómeno*
- *Muchos elementos siempre se combinan con otros en la misma proporción o tasa. Diferentes combinaciones crean diferentes sustancias. (Ejemplo: para hacer agua, la*

59

*proporción es 8 kilos de oxígeno **por** cada uno de hidrógeno. Para el yeso, la proporción entre calcio, azufre, y oxígeno es: 668/535/1070).*

Todo objeto del universo ejerce un tipo de fuerza sobre los demás. Se llama fuerza de gravedad. Esa fuerza hace que los objetos **se atraigan** entre sí. Es una fuerza de atracción. La ley de gravedad nos dice que dicha fuerza depende de la *masa* de los objetos, y de las *distancias* entre ellos.

Gracias a que la masa de La Tierra es enorme, ella es la que nos mantiene "pegados" al suelo. Si de momento ella desapareciera, y diéramos un salto, saldríamos disparados hacia el espacio.

La fuerza de gravedad es también la que hace que los planetas le den la vuelta al sol. Lo mismo sucede entre La Luna y La Tierra; y entre otros astros que orbitan entre sí. Se atraen, pero debido a que las distancias espaciales son enormes, raramente chocan. Se quedan orbitando. Es tan precisa la ley de la gravedad que puede determinarse el momento exacto de un eclipse siglos antes de que ocurra. Por lo tanto, las leyes de la ciencia ayudan a predecir el futuro, y hasta manipularlo. Y efectivamente, la NASA utiliza esa ley para maniobrar sus vuelos espaciales.

Por su parte, **una teoría** es una explicación mucho mayor. Una teoría es una gran explicación sobre un fenómeno o sobre un evento como la electricidad, la vida, los lenguajes, el socialismo, la arteriosclerosis, la capa de ozono, la explosión en Chernóbil, etcétera. Pueden incluirse historias, datos, leyes o fórmulas, dibujos o diagramas. Las teorías tratan de contestar la pregunta *¿**porqué** las cosas ocurren u ocurrieron así?*

La mayoría de las leyes están presentadas de una manera muy general y precisa, pero complicada, llamada *ecuación diferencial*. Sin embargo, en los casos que más nos compete, están presentadas de una manera sencilla, como la lista anterior.

EL TIEMPO

Tiempo y distancia son variables muy metidas dentro de la ciencia. El tiempo puede medirse. Por lo tanto, es una variable. Para medir el tiempo se usan relojes o ciclos. El ciclo que más se utiliza es el ciclo del día y la noche.

El tiempo es una de las variables más metidas dentro de la ciencia ya que casi todo cambia con el paso del tiempo. Podría decirse que todo es función del tiempo. Ni aún las leyes de la ciencia están exentas de cambiar. El tiempo, sin embargo, no es una causa directa de los cambios. Existen variables y factores que son las verdaderas causas de los cambios. El tiempo sirve para poner los acontecimientos en orden de ocurrencia, especialmente si se trata de una relación de causa y efecto. (Para que exista una relación de causa y efecto, debe existir un lapso de tiempo entre ambos).

Para encontrar verdaderas relaciones de causa y efecto, a veces hay que hacer investigaciones controladas para evitar que influencias inoportunas destruyan la veracidad de los resultados. Por ejemplo, en el comienzo de un experimento, dos cosas, o estructuras **lo más idénticas posible**, son medidas en una cualidad. Luego, a una de ellas se le da un tratamiento especial. A la otra no se le da el tratamiento. Se llama la parte "controlada". Al cabo de un tiempo, ambas estructuras vuelven a ser medidas en la misma cualidad. Cualquier diferencia con la vieja evaluación puede atribuírsele al tratamiento especial.

-----------/////-----------

Muchas leyes han pasado **la prueba del tiempo**. Siguen dando los mismos resultados *experimento tras experimento*. Pero hay algo donde el tiempo desata todo su poder: en el orden de las cosas. Dicho de otra manera, el universo se desordena cada segundo más y más. (Esto no quiere decir que no se pueda producir orden. Pero se produce a costa del desorden en otra cosa).

Los científicos intuyen, que con el pasar del tiempo, el desorden en el universo habrá llegado a un nivel tan alto, que todo lo que existe dejará de ser útil. A ese evento lo llaman *"la muerte dinámica del universo"*. Algunos más dramáticos lo llaman la *"muerte del universo"*. Para ese tiempo, la energía total del universo habrá dejado de estar concentrada en sus diferentes partes para estar totalmente esparcida. Se calcula que eso no sucederá sino hasta en 10^{76} años.

A ese desorden o patrón tan monótono se le llama **entropía**. Cuando el universo haya llegado al último grado de entropía, todas las fuerzas se habrán contrarrestado y se llegará a un estado de equilibrio permanente. Todo tiende al equilibrio. La palabra equilibrio muchas veces significa *fin*. La entropía, es entonces, el verdadero reloj del universo.

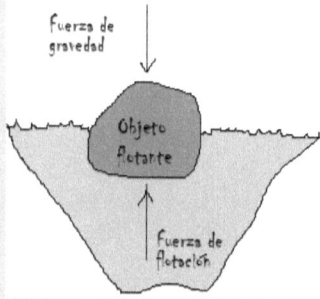

En un objeto que está en equilibrio, las fuerzas que lo rodean se contrarrestan y no se produce ningún movimiento relativo. Las fuerzas producen aceleración cuando están actuando libremente.

La fuerza de flotación se opone a la fuerza de gravedad. Para que un objeto flote en un líquido, el objeto debe ser menos pesado que el líquido. Un barco flota porque incluye la cubierta y eso lo hace menos pesado que el agua. Es una ley descubierta por un viejo científico llamado Arquímedes. Se le llama "ley de Arquímedes".

Un globo lleno de helio _pesa menos_ que el mismo aire. Por lo tanto, se irá para arriba, lo mismo que pasa con algo muy liviano en el agua. El peligro de muchos gases letales es que algunos son más pesados que el aire y tienden a quedarse a nuestro alrededor. Un ataque con armas químicas es, por lo tanto, uno de los actos más salvajes que se puedan cometer.

La ley fuerza _= masa x aceleración_ nos dice que cada objeto que está a merced de una fuerza neta experimenta un cambio en su velocidad. Dicha ley nos puede informar con tremenda exactitud la posición, dirección, y velocidad a la cual se mueven los objetos. El objeto anterior no experimenta esos cambios debido a que ambas fuerzas se cancelan.

Fuerza, trabajo y energía

Todos hemos oído hablar de estos tres conceptos. Se comentan en el día a día, y se pueden medir. **Las fuerzas** son jalones o empujones sobre los objetos. Una fuerza suficientemente grande puede acelerar algo, desacelerarlo o deformarlo.

Cuando una fuerza mueve un objeto en la misma dirección de ella, esa fuerza está produciendo **trabajo** sobre el objeto que mueve. Trabajo = fuerza x distancia. Es la ecuación para calcular trabajo.

Antes de hacer el trabajo de levantar unas pesas, nuestro cuerpo debió tener la **energía** suficiente para poder levantarlas a la altura a la que fueron levantadas. Así pues, energía es la capacidad para producir trabajo. Toda la energía que algo posea se podría estimar si toda ella se convirtiera directamente en trabajo y se calculara ese trabajo.

ENERGÍA es una propiedad, y se puede medir. Aunque hay varias clases de energía (como la energía mecánica, la energía atómica, la energía química, la radiación...), hay dos categorías principales. Una es energía potencial. Se llama así porque no ha sido usada (ejemplo: la de un combustible, la de una batería nueva, la de un resorte comprimido o la de una represa sin operar...). Otra se manifiesta con movimiento. Se llama energía cinética. Las olas, los animales, la electricidad, los ríos, y en fin, todo lo que se mueve contiene energía cinética. El calor es también una forma de energía cinética. Cualquier tipo de energía se puede convertir en otra. Pero del TOTAL, nada se pierde. Es la ley más importante de la ciencia. Se llama ley de la conservación de la energía. Es la reina de las leyes.

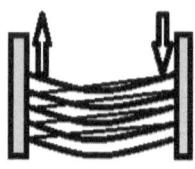

Regulación

A veces **surge orden** en la naturaleza: El sistema solar, y los ciclos que luego se formaron, vinieron de un desorden de gases y de partículas... Las células madre crean órganos que hacen funciones útiles y específicas... Al combatir con éxito una enfermedad provocada por un virus, el cuerpo ya ha aprendido a defenderse en caso de que vuelva a aparecer... Los depredadores ayudan en la evolución comiéndose a los más débiles... La insulina regula los niveles de azúcar en la sangre... En una máquina, un regulador mejora su funcionamiento y evita que se descontrole...

Todo es parte de un concepto muy abarcador: Regulación.

----------/////----------

Un fenómeno, una máquina, y hasta las personas, necesitan muchas veces **dirección y control**. Una manera sencilla de controlar a una máquina es aplicando una fuerza opuesta a la que ella produce. Un carro, por ejemplo, necesita frenos para contrarrestar su avance. Es un tipo de fuerza opuesta. Un amortiguador es otro tipo de fuerza opuesta. Otra manera de controlar a una máquina es interrumpiéndole el suministro de energía. Eso hacen las válvulas y los interruptores. Una manera de controlar a las personas es mediante las leyes.

Regulación es el segundo tópico. Al igual que el de las constantes, consiste en tres secciones: regulación natural, regulación automática, y regulación humana. Y son de naturaleza genérica: tienen el fin de controlar y mejorar los ecosistemas, incluyendo poblaciones humanas.

El mecanismo de regulación hace que las cosas sigan como van o mejoren. Lo contrario es desestabilización y caos.

4

REGULACIÓN NATURAL

Regulación natural

En esta parte se describen muchos patrones dinámicos. Pero a diferencia de secciones anteriores, los fenómenos descritos en esta sección forman parte de una danza que gira alrededor de un concepto especial: *control*. Y por eso están en esta sección. **(Regulación y control son casi lo mismo).**

Algunas *"cosas"* reguladoras cambian muy poco o nada para hacer su efecto. Idealmente, los recursos naturales son un elemento inagotable que contribuyen al sustento de muchas especies. Inmensos recursos naturales se encuentran en lugares casi deshabitados, pero de extrema belleza (Patagonia, Alaska, Siberia...). Tierra, agua, minerales, vida silvestre, la atmosfera, luz solar, y la energía contenida en ellos son recursos naturales.

Otras cuestiones que cambian muy lentamente, y que regulan el ritmo de las cosas, son, *el* ADN *y el proceso de la evolución*. La *cultura* es también otro mecanismo muy lento que tiene consecuencias similares. La *memoria de largo plazo* es también una buena instigadora de muchas respuestas ante las cosas. Lo que guardamos en la memoria tiene un gran peso en lo que somos.

Eventos extremos

Durante el transcurso del tiempo, hay eventos que causan un cambio dramático en el orden establecido. Son como "malas" experiencias para el planeta y para los ecosistemas. Tales eventos pueden desviar muchísimo el curso normal de las cosas. *Los incendios, huracanes, terremotos y epidemias* causan una desviación muy marcada de la rutina. Luego de la perturbación, las *variables afectadas* vuelven a entrar de nuevo en equilibrio. Pero quizás vengan con un aire muy distinto. Tal vez aparezcan nuevos y mejores ecosistemas.

Un nuevo tipo de desestabilización se ha dado en los últimos siglos. Muchas especies de plantas y animales están desapareciendo o han desparecido gracias a la acción directa del hombre y de las especies invasoras que ha traído consigo. La manipulación genética es otra de las áreas donde el hombre invade el orden natural de las cosas.

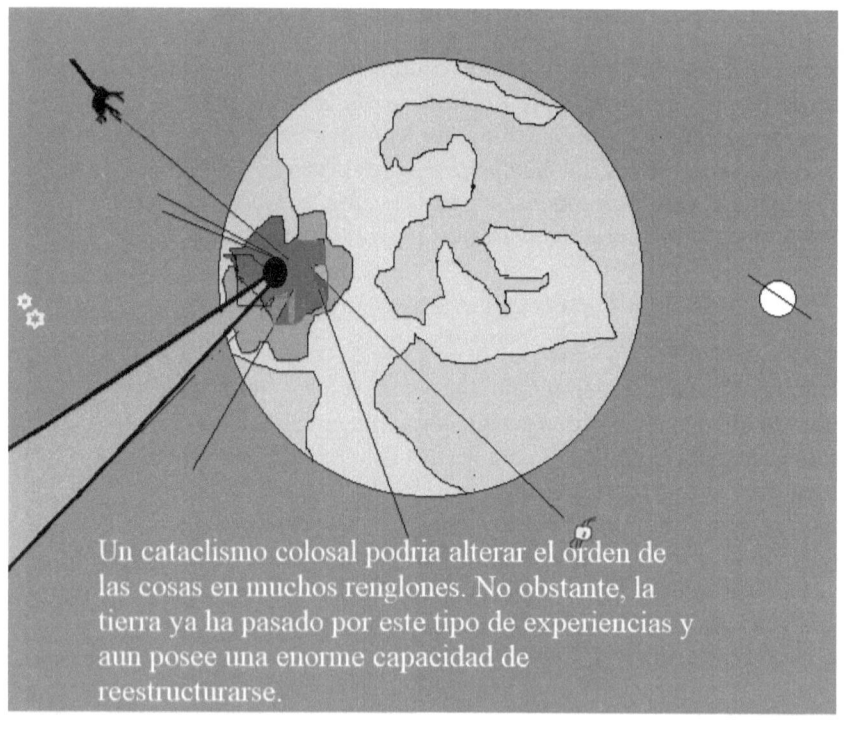

Un cataclismo colosal podria alterar el órden de las cosas en muchos renglones. No obstante, la tierra ya ha pasado por este tipo de experiencias y aun posee una enorme capacidad de reestructurarse.

Un concepto importante en esta sección es el de los ciclos. Los ciclos se asocian con los círculos, y también, con la rotación. La rotación de la tierra alrededor del sol es un ciclo. La rotación de nuestra galaxia alrededor de un agujero negro es otro ciclo. **Fuerzas aparecen, desaparecen, y vuelven a aparecer.** Pero de alguna manera el balance siempre está ahí. Fluidos como el agua, la sangre, y el refrigerante de tu auto, llevan y sustraen materiales y energía desde diversos rincones gracias a su trayectoria cíclica. En las migraciones de animales también ocurre lo mismo. Los ciclos, son entonces, algo muy dinámico.

CICLOS

El **año**, junto con las estaciones, es el motor causante de muchos fenómenos cíclicos como las lluvias monzón, y los huracanes. Es el amo de los cambios climáticos, de las cosechas, de las migraciones, de las inundaciones, y de un sinfín de fenómenos que nos afectan y que afectan a otras especies.

El año por sí solo no es un regulador. Los que son reguladores son los eventos que se repiten anualmente. Casi todos están conectados a los cambios climáticos. Uno de los efectos detrás de los cambios climáticos es el control de las poblaciones de especies, incluyendo al hombre. El mecanismo de *selección natural* vendría a tomar su rol aquí seleccionando los más fuertes.

Quizás el ángulo de rotación de la tierra está al nivel perfecto para que se originen las lluvias, y la vida misma.

Los cambios climáticos producen un efecto negativo en ciertas personas. Los días nublados les ocasionan estrés y sensación de

71

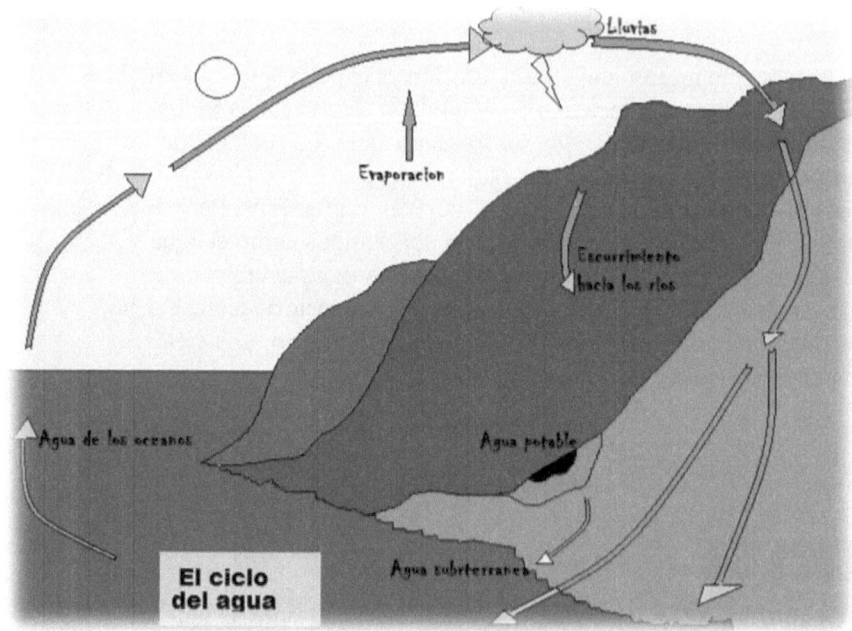

El ciclo del agua

tristeza. Además, durante gran parte del otoño, y por todo el invierno, algunas personas se sienten melancólicas. Sobre ello se ha culpado a la disminución en el número de horas con luz solar y al aumento en el número de horas con luz artificial (contaminación lumínica). (De acuerdo con expertos, la tristeza es una emoción causada por la pérdida de algo especial).

Para otros, la diversidad les resulta atractiva y les incomoda el clima monótono que tienen algunos países.

(Aparentemente, en los países nórdicos, el frío hace que las personas se queden más tiempo en la casa leyendo y autoperfeccionándose. Eso repercute favorablemente en la creatividad, trayendo beneficios a largo plazo comparado con países más cálidos, donde la gente se la pasa mucho tiempo afuera divirtiéndose).

Los ciclos favorecen el que muchas cosas estén disponibles, incluyendo la vida. Muchos recursos naturales y energéticos están relacionados con los ciclos. Quizá la manipulación directa de algunos ciclos podría algún día ayudarnos a obtener una mayor presencia de recursos. Actualmente se están manipulando microorganismos capaces de acelerar el proceso de descomposición y producción de alcohol y gas metano, lo cual presenta un ángulo sin precedentes sobre posibilidades energéticas...

Muchos eventos naturales ocurren de manera cíclica. Repiten el mismo patrón después de cierto tiempo. Además de las estaciones, que se turnan todo el tiempo, existe el ciclo del agua, el ciclo del calcio, el del hierro, el de otros minerales, el de las cosechas, el del día y la noche, el ciclo de la luna, el ciclo de Krebs...

Están también:

- *las orbitas de otros planetas*
- *el cometa Halley (cada 76 años)*
- *el ciclo de infección de la garrapata*
- *el ciclo circadiano*
- *el año galáctico*
- *ciclo del ácido cítrico*
- *ciclo de recesión económica*

El eje inclinado de la Tierra provoca las estaciones ya que esto hace que los rayos del sol no peguen igual en todas partes. En el planeta Urano, la inclinación es mucho más pronunciada y ocasiona las estaciones más extremas del sistema solar. Además, un año en Urano dura 120 años terrestres.

El origen de casi toda la energía utilizada en la tierra apunta hacia el __sol__. Sin la luz del sol la vida no existiría. Por lo tanto, el petróleo, siendo un producto de organismos vivientes, tampoco existiría. Del sol proviene la energía para los vientos, la que crea ríos y embalses, la del petróleo y sus derivados, la de hacer carbón, la que energiza las celdas solares y los hornos solares, y la de hacer biomasa.

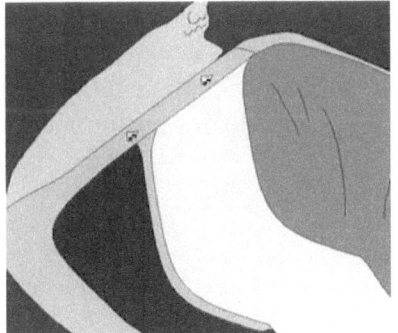

Una represa ayuda enormemente a aliviar la demanda de energía. La enorme cantidad de agua que posee una represa, y la energía asociada a ella, pueden alumbrar ciudades enteras. Hacer una represa para aprovechar la energía que posee un gran río es una maravillosa idea ya que, primero que nada, ese recurso es gratis (gracias al ciclo del agua). También, es energía "limpia", barata y ayuda contra las inundaciones. (Tiene algunas desventajas... también empobrece la calidad del agua y de los ecosistemas río abajo. Además, requiere grandes inversiones, no se diga el transporte de corriente a largas distancias, lo cual significa mucha energía perdida en forma de calor).

Ríos que no son muy buenos para la navegación pueden producir excelentes represas. Así, lo que no es bueno para una cosa, es bueno para otra.

La vida del hombre, y de prácticamente todo ser viviente, se divide en ciclos. El hombre se levanta, se acicala, trabaja, regresa del trabajo, comparte con su familia, duerme, se levanta, se acicala... Y así sucesivamente. Estos pueden ser parte de ciclos mayores como nacer, crecer, reproducirse, criar y morir. O ciclos menores como el ciclo circadiano o el ciclo del ácido cítrico. Este último existe en todos los animales, y es gobernado por una molécula muy especial.

"... y los romanos describían a los Hunos como gente poco atractiva, de piernas cortas pero fuertes, cuello grueso, rostros sin barba y ojos pequeños".

EL ADN

Las células son las partes más diminutas del cuerpo que pueden funcionar con bastante independencia. Ellas son reemplazadas cada cierto tiempo por células nuevas. Si no son reemplazadas, factores del ambiente matarían al organismo rápidamente. Las células del estómago, por ejemplo, tienen un ambiente tan hostil, que deben ser reemplazadas constantemente. Las de la piel también.

El ADN, es una molécula muy compleja que se encuentra en el núcleo de cada célula y que lleva consigo todas las especificaciones necesarias para que se lleven a cabo todas las funciones vitales. Y eso incluye reemplazar células. Es información que proviene del ADN de los padres. El ADN se comporta como *algo* que siempre está cambiando y autoperfeccionándose debido a **presiones** externas como el clima, la escasez, los depredadores, la radiación, la alimentación, genes provenientes de virus, etcétera. (El ADN es algo físico; se puede tocar).

Los genes, son partes del ADN que pueden tener una función muy específica. Hay miles de genes, pues la molécula del ADN es inmensa. Algunas de esas funciones son vitales; otras no. Por ejemplo, un gen puede inducir unas defensas que ataquen a una enfermedad. Incluso el color y la exuberante forma de tus ojos son provocados por genes.

El ADN, y por ende los genes, son algo poderosísimo, casi siniestro. Ellos responden a señales dentro y fuera de nuestro cuerpo. Y algunos de sus efectos pueden ser negativos. **Tienen el poder de multiplicarse** innumerables

77

veces. No es de extrañar que puedan ir más lejos. Por ejemplo, ellos hacen que se creen unas sustancias que tienen unos efectos muy sofisticados dentro del cuerpo que van desde la creación de pelo hasta acelerar procesos internos. Son las **proteínas**. Las proteínas son sustancias biológicas que mueven procesos como la *digestión, la respiración, circulación, movimiento, inmunidad, comunicación entre células*, y un sinfín de actividades involuntarias y repetitivas. El *colágeno*, es una proteína involucrada en la creación de nuevas células. La *insulina*, es una proteína producida por las células del páncreas en búsqueda de una respuesta ante un exceso de azúcar. La repuesta la dan otras células, en especial, las del hígado almacenado parte de esa azúcar. Típicamente, una proteína está relacionada con un gen específico, y tiene una forma bien definida.

Aunque el ADN es el mismo en cada célula, los genes tienen la posibilidad de **mutar**. Esto es, cambiar algo en ellos, y producir efectos inesperados. Pueden mejorar, pero casi siempre perjudican al organismo. Entre sus efectos, que la célula se multiplique en lugar de ser reemplazada por su vejez. Eso la convierte en cáncer. Ya que cada órgano tiene sus propios tipos de células, hay diferentes tipos de cáncer. De remate, puede darse el caso de faltar genes o de sobrar genes. SIN EMBARGO, el hecho de que los genes pasan directamente de padres que han sobrevivido muchas circunstancias, suaviza los efectos y normalmente redunda en una mejor descendencia.

A pesar de su reputación, no todas las mutaciones traen efectos negativos. De vez en cuando aparece una mutación que produce unas ventajas. *Pelo abundante, espinas, cuernos, veneno, camuflaje, mejor visión, mejor olfato, mejor uso de las manos* etc., son características que ayudan a muchas plantas y animales a sobrevivir. Organismos que no desarrollan características beneficiosas tienden a desaparecer para dar paso a la nueva y más poderosa especie.

Las mutaciones son necesarias para que surjan nuevos organismos. Las chinas nevo aparecieron un día común y corriente, no hace mucho tiempo, en un árbol mutante de Brasil. Y desde ese día tenemos chinas nevo. Actualmente, con una técnica conocida como "edición genética", el hombre puede cambiar una especie para siempre.

----------/////----------

En otras palabras, mucho de lo que somos, y lo que seremos, ya estaba escrito en nuestro ADN. Parte de la historia de la humanidad también está escrita en los genes. Hay humanos separados por enormes distancias que tienen características genéticas similares. Esto indica que tenemos antepasados provenientes de tierras muy lejanas. Las más lejanas en el tiempo se remontan a África oriental. De allí vinimos.

En los humanos, el ADN se parece en un 99.9%. Las diferencias físicas entre las personas las provoca el otro 0.1%.

ALIMENTOS Y MEDICAMENTOS

Según el refrán, "somos lo que comemos". Mientras que el cuerpo está ocupado leyendo el ADN, los alimentos se adelantan y le proveen los nutrientes necesarios para su reconstrucción y funcionamiento. Ayudan en la **homeostasis**, que es un tipo de regulación muy fina. En los alimentos, se encuentran elementos como el sodio y el fósforo (Números 11 y 15. ver → tabla periódica) que son imprescindibles para la salud. También se encuentran unos compuestos importantes que todos llamamos *vitaminas*. En la homeostasis, no solo participa la digestión, sino también, los genes, y hasta el estado de ánimo.

Procesos supercomplicadísimos que envuelven incluso *electricidad* cubren todo el cuerpo. Es posible, sin embargo, observar el trayecto de ciertas sustancias esenciales si las ingerimos levemente radiactivas. Usando aparatos que miden la radiactividad, como el PT Scan, podemos observar su paso por diferentes partes del cuerpo, y sus concentraciones. Tales observaciones pueden usarse para diagnosticar y tratar enfermedades como cáncer, diabetes y otras. (ver → herramientas de observación).

Los componentes del **sistema regulatorio de glándulas** como el páncreas y la tiroides controlan muchas funciones dentro del cuerpo. En el hombre, y en los otros animales, el mal funcionamiento de ellas provoca condiciones que amenazan la vida. Procesos como *sudar* también regulan. Sudar regula la temperatura haciendo que el cuerpo se enfríe nuevamente al evaporarse el sudor.

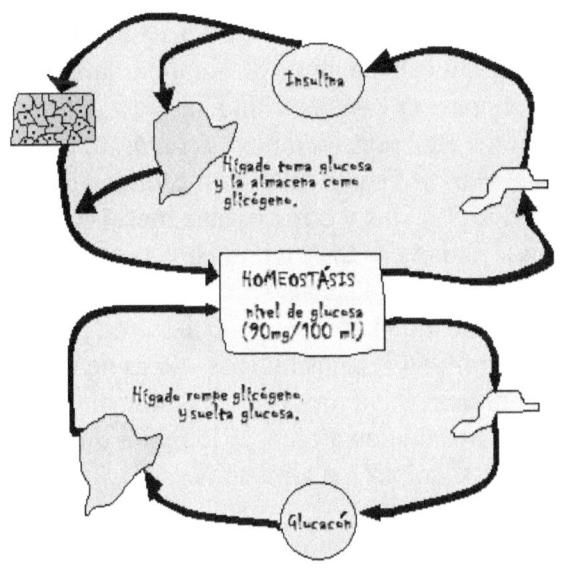

Dentro del diagrama:

Insulina

Hígado toma glucosa y la almacena como glicógeno.

HOMEOSTÁSIS
nivel de glucosa
(90mg/100 ml)

Hígado rompe glicógeno, y suelta glucosa.

Glucacón

Metabolismo simplificado de la glucosa.

Empieza *en el rectángulo del medio. El páncreas está a la derecha. Si el nivel de azúcar en la sangre sube de ese número, se efectúa el proceso de arriba en el orden que sugieren las flechas. Si el nivel de azúcar disminuye, se efectúa el proceso de abajo. El cuerpo responde a cambios químicos dentro de él. Para que el nivel de azúcar en la sangre sea aceptable, el páncreas, el hígado y otros órganos tienen que llevar a cabo este* proceso *todo el tiempo. La autorregulación del cuerpo se llama* **homeostasis**. *(Ver además → diagrama de flujo).*

El desconocimiento sobre las causas de muchas enfermedades llevaba la gente de antaño a supersticiones como *"está poseído"*. No obstante, las destrezas y los conocimientos eran considerados *"regalos de los dioses"*. Pero lo que sí es un regalo es la gran cantidad de beneficios que ofrecen las plantas y otros organismos. (ver → taxonomía). En las plantas existen unos **reguladores químicos** que forman la base de muchas medicinas. La estatina, sustancia que combate el colesterol, puede conseguirse por vía de unos hongos. No es de extrañar que la sabia naturaleza haya provisto a los animales de unos instintos que los ayuden a escoger lo mejor que ella les ofrece, empezando por los alimentos.

INSTINTOS

En los animales, se observan unos comportamientos bien organizados. Son unas características que los ayudan a formar el ambiente en donde ellos y sus crías puedan prosperar. Ellas son, el instinto de reproducción y el instinto de supervivencia. Capacidad para defenderse y para conseguir alimento forman parte del instinto de supervivencia. Ambos instintos se presentan en el hombre de una manera menos expresiva. En él, y en algunos monos, la agresividad se sublima a formas más aceptables como la cooperación y la competencia.

El instinto de supervivencia tiene unas emociones muy fuertes ligadas a él. Ellas son el miedo y la repulsión. El miedo es una emoción que consiste en el deseo de que algo **no ocurra**. Además tiene el propósito de alejar a los animales de situaciones que pudieran dañarlos. En el hombre, el miedo a ser castigado provoca que los

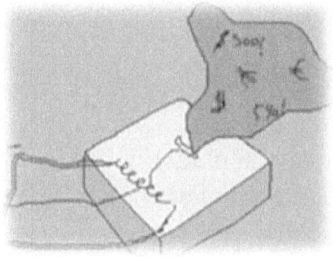

Algunos animales machos en estado de reproducción utilizan un despliegue de fuerzas para matar o alejar a otros machos, y un despliegue de habilidades para atraer a las hembras.

Cuando no es la fuerza, es el engaño. El engaño es tal vez la primera manifestación inteligente en la naturaleza. Se ha observado que algunos animales utilizan el engaño para conseguir algo o para robarle la pareja a otro. Emiten sonidos de peligro cuando en realidad no lo hay, o desvían la atención para robar pareja. Muchos usan el camuflaje para engañar a presas y a depredadores. Un apropiado galardón lo tiene la hembra del pájaro cucú. Ella sigilosamente deposita sus huevos en el nido de otro tipo de ave para que sea ella quien los críe.

ciudadanos se comporten conforme a la ley. El miedo a las repercuciones de una guerra frena a las naciones de llegar hasta ese punto. Existen diferentes tipos de miedo. El más común es el miedo hacia lo desconocido. Así pues, el sentido de confianza hacia los padres es esencial para que un infante desarrolle una noción optimista sobre la vida (de acuerdo con el psicoanalista Erik Erikson).

Una parte primitiva del cerebro conocida como el "sistema límbico" o "cerebro límbico", se relaciona directamente con las emociones (particularmente, emociones instintivas como el miedo). **El dolor**, puede producir miedo. Por lo tanto, también es intervenido por el sistema límbico. El sistema límbico hace que huyamos, luchemos, o nos rindamos. Es pues, una de las partes más fundamentales de nuestro cuerpo.

El **olfato** también está involucrado con emociones como el miedo. En adición, se le relaciona con el instinto de reproducción (feromonas). El olfato comunica; por lo tanto es importante para una buena calidad de vida. Los infantes reconocen a su progenitora por medio del olfato.

La presión para defenderse también emerge del mismo cuerpo. El cuerpo también se defiende de sus adversarios. Cuando el cuerpo se entera de la presencia de un virus, responde atacándolo con sus defensas o aumentado su temperatura. De hecho, una vez el animal haya salido de una enfermedad provocada por un virus o bacteria, su cuerpo ya ha aprendido a defenderse en caso de que vuelva a aparecer. A veces hay que darle un empuje haciendo que se defienda primero contra una vacuna. Las vacunas contienen el mismo germen, pero debilitado, o muerto.

Un exceso de defensas, en cambio, ocasiona lo que se conoce como *las alergias*, o algo *peor*.

Durante el sueño profundo, el cuerpo intenta liberarse del estrés acumulado haciendo un alto en sus funciones menos básicas para comunicarse con su "yo" más interno. Los beneficios terapéuticos de un buen sueño pueden ser muy poderosos para el sistema de defensas, y para la salud en general. La etapa más importante del sueño se llama "etapa 3", y es donde el cuerpo y la mente realmente se recuperan. Personas que padecen de insomnio no pueden llegar a esa etapa. La falta de un buen sueño reparador está ligada a muchos problemas mentales y físicos.

Se dice que en los humanos no existen los instintos. Supuestamente, no existe tal cosa como el instinto maternal, el instinto agresivo, ni el instinto reproductivo en los humanos. Pero existen fobias que parecen obedecer a fuerzas instintivas. La fobia hacia muchos agujeros juntos se llama *tripofobia*. Huecos muy juntos existen en los panales de abejas y en animales descompuestos. La fobia hacia las serpientes es compartida con otros primates.

Psicología evolutiva es un campo muy interesante que intenta explicar comportamientos muy comunes en todos los seres humanos. Sus respuestas son muy mecánicas: "Las mujeres se sienten atraídas hacia hombres altos debido a que en épocas prehistóricas ellos se percataban mejor de los depredadores". "La gente se deprime porque desde siempre se reconoce que existen fuerzas contra las cuales no se puede luchar. Y al uno deprimirse, el cuerpo reduce el gasto **innecesario** de energía". Y si eso no es suficiente, un ego o una actitud desatinada nos puede hacer recordar nuestra posición en este mundo. Y hablando de recuerdos, existe un dicho muy interesante que reza: "Los pueblos que no se acuerden de su pasado estarán condenados a repetirlo".

La memoria
La memoria es una *propiedad* de la mente. La capacidad para memorizar es unas de las facultades más importantes

en organismos avanzados. La memoria es un rasgo especialmente importante para el hombre. Lo ayuda a aplicar lo que sabe, y a aprender. La memoria nace de la experiencia; pero luego puede influir sobre ella. Se dice que recordamos el 2% de lo que oímos, el 5% de lo que vemos, y el 35% de lo que olemos. Caminos y lugares del pasado pueden evocar vivencias y emociones pasadas.

Pero no solo el hombre y otros animales poseen memoria. La memoria es esencial en artefactos como los robots, las computadoras, y los controladores.

Juegos mentales como el sudoku, y el ajedrez, pueden tener repercusiones favorables en la memoria y retrasar su deterioro. Otros como "simón dice" pueden ayudar a los niños a autorregularse y a prestar la debida atención en una materia.

5

REGULACIÓN

AUTOMÁTICA

Uno de los inventos más grandes de la
humanidad es el control automático.

CONTROL AUTOMÁTICO

Los sentidos, como la vista y el olfato, son limitados en alcance. Los antiguos también notaron, desde épocas prehistóricas, que existían en la naturaleza unas fuerzas inmensas que hacían parecer al hombre opacado. Algunas de esas fuerzas son, por mencionar unas pocas, el fuego, el poder de un gran rio, la fuerza del viento, y hasta el calor interno de la tierra. Incluso, muchos animales aventajan a cualquier persona en velocidad, fuerza y resistencia.

Pensaba pues, el hombre, que si le daba uso a algunos de esos formidables recursos energéticos, podría escapar grandemente del yugo que le acarrea su propia debilidad.

El ser humano utilizó la fuerza del animal en el arado y en la transportación. Y utilizó la fuerza del viento en los barcos de vela. Además, sin saberlo, manipuló la genética produciendo especies con características "deseadas". Pero no sabía cómo "meterle mano" a fuerzas muy intensas. Específicamente, no sabía manejar a gusto aquellos recursos energéticos que están presentes por doquier y que tienen un enorme uso. Había que hacer algo.

CONTROL

Uno de los inventos más grandes de la humanidad es el control automático. Un controlador, es un aparato que tiene el propósito de hacer que una máquina funcione en el modo deseado, y se mantenga en ese modo el tiempo que sea necesario sin intervención. Por ejemplo, mucha gente ajusta el *termostato* de su acondicionador de aire a 70°F. A algunas personas les gusta el aire más frío mientras que a otros les gusta el aire más caliente. El controlador (en este caso, el termostato) hace esa labor. Los controladores se pueden ajustar a la medida deseada siempre y cuando la máquina lo permita.

(Los mecanismos de **control manual** son otro tipo de control donde no hay automatización. No son automáticos. Necesitan la presencia humana. Los frenos, los interruptores y las palancas manuales son controladores manuales). (ver → parte 8).

Los controladores automáticos proveen a la máquina de un excelente funcionamiento. Autos, lavadoras, reactores nucleares, amplificadores, televisores, marcapasos... En todos hay algo relativamente independiente que los controla. Se controlan variables como: posición, velocidad, dirección, temperatura, presión, voltaje... Una lavadora tiene que controlar algunas variables antes de terminar su función. *Duración, nivel del agua, balance, velocidad, temperatura* son controlados.

Los mecanismos de control no solo mejoran el funcionamiento de las máquinas. También proveen **seguridad** para ellas y para las personas. Los fusibles, los interruptores automáticos, y las válvulas de seguridad, son algunos. Otro objetivo que persiguen los controladores es hacer que los equipos **economicen** energía. A veces hay un pequeño costo: una mejoría en alguna de las funciones puede afectar negativamente otro aspecto del sistema, como, la eficiencia. Pero el efecto es mínimo.

EL AUTOMÓVIL

Dentro del motor de un carro, hay una fuerza muy conocida. Es la fuerza que ejerce un gas *sobre las paredes* que lo contienen al ser inflamado. El gas se crea con la gasolina. Primero, la gasolina es vaporizada mediante un dispositivo llamado *carburador*. De ahí, la gasolina es transportada al interior del motor, donde es encendida. La chispa encendedor a viene de una o varias bujías. La fuerza expansiva del gas hace mover un cilindro, que, por medio de una barra conectada a él llamada *biela* **transforma el movimiento recto del cilindro en movimiento rotatorio de un eje** llamado *cigüeñal*. Ese es "el principio de la biela". Por eso el carro se mueve. Locomotoras, y muchos barcos, usan el mismo principio, pero con vapor a presión.

Dos paneles de control para un mismo tipo de vehículo.

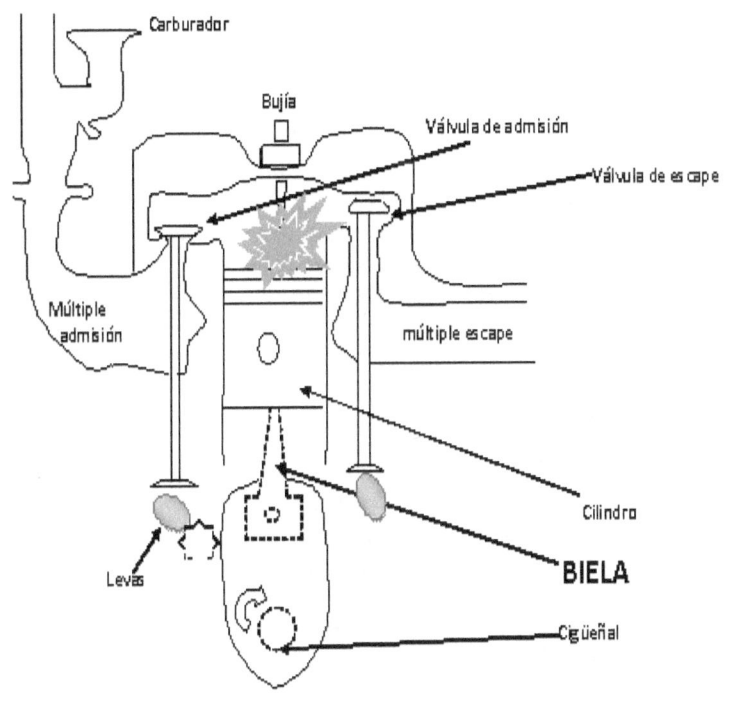

Carburador

Bujía

Válvula de admisión

Válvula de escape

Múltiple admisión

múltiple escape

Cilindro

BIELA

Levas

Cigüeñal

Regulación dentro del motor de un auto

*El carburador es un tipo de válvula que puede tener cierto **margen de operación**. La gasolina que entra al motor de un auto debe tener un contenido aproximado de aire mezclado en ella. La mezcla de aire y gasolina debe estar entre unos límites, de lo contrario el funcionamiento del motor se verá seriamente afectado. Si el contenido de aire excede 17 veces el contenido de gasolina, el auto puede sufrir aceleraciones bruscas y explosiones peligrosas que pueden poner en riesgo el motor. Si el contenido del aire baja de 10 veces el contenido de gasolina, el motor se ahogará y no será útil a la larga. El carburador produce esa mezcla manteniendo la proporción necesaria entre aire y gasolina para que el motor funcione bien. El carburador es pues, un elemento inseparable del motor de gasolina.*

En un auto, hay una decena de reguladores y mecanismos de seguridad. La volanta del motor es uno de esos aparatos. Controla las vibraciones del eje del motor. Aun así, el auto no la necesita para trasladarse. Pero tu seguridad y la del auto sí. La volanta es una rueda pesada de metal conectada al eje del motor. Opera mediante el principio de la inercia. El principio de inercia dice que "mientras más pesado es algo, más difícil es desviarlo, detenerlo o descarrilarlo".

La regulación de la abertura y cierre de las válvulas de un motor de cuatro tiempos es sumamente importante. Estas son controladas por un árbol de levas que es un eje largo y recto con salientes llamadas levas, de las cuales hay una para cada válvula. Está conectado mediante engranajes al cigüeñal. (Ver el diagrama anterior de un motor visto de perfil).

92

*El cigüeñal es un eje giratorio de metal **cuya forma zigzagueante,** **su biela** y otros aditivos como las levas y sus válvulas efectúan el importante papel de hacer que el motor corra en 4 tiempos: admisión de combustible, compresión del combustible, explosión del combustible, escape del combustible usado. Como cada válvula debe abrirse solo una vez cada dos revoluciones del motor, el árbol de levas debe girar a la mitad de la velocidad del cigüeñal. A medida que gira la leva, el botador, accionado por ella, asciende y abre una de las válvulas del motor (o sea, el interior). Al abrirse la válvula, entra aire con gasolina al interior del motor. La válvula se abre dentro del cilindro, presionada por un resorte espiral. A medida que la leva sigue girando, el resorte cierra la válvula.*

Se requieren varios sistemas para mantener el motor en marcha. El del combustible incluye una bomba, que alimenta el carburador con gasolina; en este, la gasolina es mezclada con aire en las debidas proporciones. En el sistema de encendido, una bobina de inducción eleva el bajo voltaje de una batería, y el alto voltaje resultante se envía a la bujía concerniente en el momento apropiado mediante un dispositivo regulador llamado distribuidor.

El sistema de refrigeración bombea agua en torno de los cilindros y hace pasar aire a través del radiador y sobre el motor para evitar recalentamiento. El sistema de lubricación suministra aceite a las paredes de los cilindros e impide que los cojinetes se sobrecalienten a causa de la fricción.

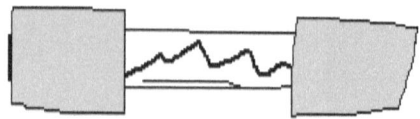

*Un fusible protege los equipos cortando la corriente de golpe cuando ella pasa de un límite. Muchos controladores reaccionan casi al instante de tal manera que no haya un espacio de tiempo muy grande entre la causa y su **indeseado** efecto.*

Algunos tipos de reguladores
o controladores importantes son:

- *El reloj (para sincronizar todo)*
- *Regulador de voltaje*
- *Regulador de temperatura*
- *Regulador de presión (olla de presión...)*
- *Transmisión automática*
- *Resistencias (estabilizan circuitos)*
- *Medicinas*

LA COMPUTADORA

El **reloj**, se usa en equipos que, por su complejidad, necesitan que todas sus partes estén sincronizadas. Eso significa que todas las partes envueltas deben esperar a "la parte más lenta". La computadora es uno de esos equipos. Necesita un reloj. Y casi todo lo que es digital necesita un

¿Cuál es tu fase lunar favorita?

reloj. Ese tipo de control se llama *control secuencial*.

Una computadora es un controlador muy sofisticado que maneja información e instrucciones a manera de secuencias (por pasos).

La computadora solo entiende y se comunica mediante impulsos eléctricos **de solo DOS valores.** Eso significa que los voltajes en el corazón de una computadora solo tienen dos valores: 0,2 voltios y 5 voltios. Nosotros los simbolizamos con un "0" y con un "1". Un dispositivo llamado ADC convierte información proveniente desde cualquier lugar a un formato digital (pulsos) antes de enviársela a una computadora. Aunque son pulsos o voltajes de solo dos valores, con ellos se puede hacer un reguerete de cosas ya que pueden manipularse de infinitas maneras.

Casi cualquier información puede ingeniarse digitalmente y manipularse digitalmente (con solo dos voltajes). Esto es gracias a unos dispositivos electrónicos muy simples llamados transistores, los cuales, aunque parezca bizarro, pueden **manipular información** si se posicionan de una manera particular. La más importante es la posición cruzada, también llamada *flip flop*.

Del cero al nueve, los números en forma digital son: *0, 1, 10, 11, 100, 101, 110, 111, 1000, 1001.* El número *"pi"* en binario es *11,001001…*

Un programa de computadora es un **conjunto de instrucciones** que hacen que una computadora realice una función deseada. Debido a que existe una enorme cantidad de programas y aplicaciones, una computadora debe poseer en su memoria un programa especial que transforme esos otros al lenguaje que ella entiende. Se llama compilador. Ya compilado y guardado en la memoria, el programa viene a formar parte de un ciclo conocido como el ciclo básico de la computadora. Las instrucciones del ciclo básico son muy pequeñas, pero en conjunto realizan ENORMES tareas. Desde documentos como Word, hasta controlar una nave espacial. También pueden hacer simulaciones, como, el simulador de ajedrez, y tus juegos de video.

El ciclo básico de una computadora es el siguiente:

1) Se transfiere la instrucción de turno al CPU. (Claro está, las instrucciones y toda la información está en forma de unos y ceros; Y se encuentran en la memoria. La memoria es esencial en toda computadora.

2) Se ejecuta lo que dice la instrucción. (EL CPU es el corazón de la computadora. Está programado para realizar acciones muy simples como: *sumar dos valores, comparar dos valores, tomar información de la memoria, guardar información en la memoria, brincar a un lugar de la memoria, y otras.*

3) A menos que el CPU indique lo contrario, la dirección de la próxima instrucción se obtiene sumándole "1" a la dirección anterior. Todo se vuelve a repetir. Pequeñas memorias llamadas registros retienen momentáneamente la instrucción de turno.

Sin sistemas de control, regresaríamos a un nivel de vida parecido al de la edad media. La mayoría de la gente estaría viviendo en el campo arando la tierra para poder sobrevivir. Esto es así, ya que, casi todos los aparatos que usamos, e incluso la electricidad que proviene de nuestras centrales, no podrían funcionar sin mecanismos que los controlen.

La automatización parece no tener límite. Existen desde automóviles que operan sin conductor, drones que realizan asombrosos espectáculos en el cielo, y robots que realizan cirugías o manufacturan productos tales como automóviles y órganos.

Desgraciadamente, también hay su lado oscuro. La automatización deja a muchos sin empleo.

6
REGULACIÓN
HUMANA

Regulación humana

Los mecanismos de regulación tienen el fin de controlar y mejorar los ecosistemas en general (incluyendo sistemas humanos). Pero como sucede con todas las cosas, a veces se cuelan elementos muy negativos que ocasionan inestabilidad, tales como: las catástrofes naturales, la escasez, las enfermedades, malfuncionamientos, prejuicios, guerras, burocracia, corrupción, desempleo...

LENGUAJE

En el mundo natural, la comunicación existe de diversas maneras: *sonidos, gestos, feromonas, exhibiciones*... Incluso hay máquinas que se comunican entre sí y con su ambiente (ver el capítulo anterior). Pero en el hombre, la comunicación ha llegado a un nivel de máxima perfección mediante **el lenguaje**. Es tanta la importancia de ese aspecto para el hombre, que aún existen poblados muy pequeños y aislados que han logrado sobrevivir gracias a esa característica tan importante. El lenguaje le permite al hombre **compartir** sus experiencias. Y eso es un gran factor para la supervivencia. Aprendemos a través de la experiencia. Pero también aprendemos comunicándonos. No hay que pasar por el mismo trajín que

China es muy variada.

pasaron otros para obtener los mismos resultados (O evitar los mismos errores). La comunicación es importante para la transmisión de la cultura; en especial, la cultura del conocimiento.

La comunicación mueve a las personas. También las puede entretener. Los vendedores usan la labia para motivar a otros a comprar sus productos. Un político intenta venderle sus ideas a la gente. Un abogado intenta venderle sus ideas a un jurado. Los psicólogos motivan a las personas a echar hacia afuera sus más íntimas **preocupaciones**. Con un buen feedback, un maestro o entrenador puede hacer que sus estudiantes quieran seguir practicando la disciplina o el deporte de su preferencia. Personas con cierto carisma o talento pueden arrastrar millones hacia su esfera. Entre los recursos más utilizados por ellos están los medios de comunicación masiva (radio, prensa, televisión, internet…). La propaganda, también es favorecida por los medios de comunicación masiva.

La comunicación también tiene su lado oscuro: la crítica destructiva.

Introducirnos a **nuevos idiomas** nos abre las puertas a nuevas culturas, nuevos conocimientos, y nuevas maneras de hacer las cosas. Hay, por ejemplo, lenguajes que terminan todas las oraciones en el verbo. Eso obliga a los interesados a aprender de una manera diferente. También, hay documentación que señala que el aprender nuevos idiomas fortalece al cerebro contra aflicciones que son muy comunes durante la vejez.

Para los que se aventuran en un nuevo idioma, algo que pueden tomar en cuenta, es que, en programas educativos, y en noticieros, se usan palabras internacionales y un lenguaje más sencillo que el que se utiliza en la calle. También, se ha comprobado que en todos los lenguajes existe un número muy reducido de palabras que se repiten inmensamente en comparación con las restantes. Se llama la "ley de zipf. La pronunciación también es vital para una comunicación efectiva. A veces tenemos que ingeniarnos *nuevos y extraños sonidos* con nuestra boca y garganta para pronunciar de forma decente las palabras.

La música es el idioma universal. Es posible que la música haya hecho aparición antes que el lenguaje. Cierto o no, antes de que existiera la escritura y otras formas de fijar permanentemente los que decimos, se utilizaban melodías para transmitir y perpetuar mensajes.

Aunque la música es, la mayoría de las veces, una comunicación unidireccional, tiene la facultad de entrar en nuestras emociones, y de alterar nuestros pensamientos. Nos puede alegrar, pero también nos puede poner melancólicos, y hasta irritables. No obstante, según un viejo documento, la música era tan valorada en épocas antiguas, que se recomendaba para *"convertir la tristeza en felicidad, el amor en pasión y la religiosidad en devoción"*. También se utilizaba como remedio contra la ansiedad. Los jefes militares, incluyen la música y el canto dentro de sus ejercicios matutinos para alentar a los soldados y crear en ellos una sensación de unión (en la unión está la fuerza). La música es también uno de los elementos unificadores dentro de las culturas.

La comunicación, podría decirse, es lo que comienza todo. Personas que tienden a aislarse podrían atraer efectos negativos hacia su vida. Hay teorías que señalan, que hace millones de años, humanoides levemente superiores acabaron exterminando a otros humanoides. A lo mejor el nivel de comunicación tuvo mucho que ver en la selección de la raza dominante. (Para otras formas más elaboradas de comunicación ver → observación).

La comunicación es importante para la transmisión de la cultura; en especial, la cultura del conocimiento.

*Superado únicamente por El vaticano, el monasterio de Santa Catalina posee la colección más extensa de manuscritos en el mundo. Antes de la imprenta, la **educación** estaba centralizaba en los pocos lugares de estudio que existían. Por lo tanto, el grado de analfabetismo fuera de los monasterios era infernal.*

La academia de Aristóteles, la escuela de la sabiduría en Bagdad, madrazas, escuelas para oficiales chinos y universidades como Padua, Oxford y Salamanca eran los centros donde se formaban los antiguos profesionales.

CULTURA

Cultura es experiencia compartida. Es el conjunto de normas, prácticas, y creencias de un lugar específico. Desde características geográficas e históricas de un sitio, hasta costumbres y tradiciones, pueden influenciar notablemente en las personas. También influyen los productos que más se consumen (música popular, comida típica, espectáculos, competencias...). Son elementos que unen a las personas dentro un mismo marco geográfico.

Costumbres arraigadas

Aspectos de la cultura se pasan de generación en generación a través de la imitación. Algunas **costumbres** reciben el nombre de "meme". Esto es debido a su parecido con la palabra inglesa "gene". Y es que al igual que los genes, muchas costumbres se pasan de generación en generación.

Aplaudir cuando aterriza un avión, decir "salud" cuando alguien estornuda, o llevarse la comida que sobró de una fiesta, son memes en ciertas regiones. Refranes y chistes también son memes. "Quien no oye consejos no llega a viejo" "A río revuelto, ganancia de pescadores" "Era tan y tan pobre, que solo era po".

Aunque los memes y otros productos culturales unifican a las personas, diferencias en materia de política y religión son a veces la fuente de momentos acalorados dentro de una misma cultura.

Hay personas que tienen un apego muy fuerte hacia símbolos patrióticos. Para muchos, la bandera de su país tiene una importancia sagrada, y mancillarla es considerado una ofensa personal. Lo mismo puede ocurrir con símbolos y monumentos religiosos. Sin embargo, como sucede en muchas actividades, la religión es una entidad en la cual millones de personas participan de una manera especialmente pasiva. Muchas tradiciones tienen connotaciones religiosas.

¡QUÍTATE LA MÁSCARA!
¡ALALA ÉH!

Gracias a la complejidad de los seres humanos, además de los memes comunes, existen costumbres muy exóticas en diferentes partes del mundo. En el lejano y medio oriente, es común ver a hombres caminando agarrados de la mano, y hasta bailando juntos sin que eso represente un cuestionamiento de su sexualidad. También, existe una costumbre muy fuerte de respeto **basada en la edad**. De manera alternativa, mostrar orgullo desmedido es muy mal visto. El sarcasmo, tampoco tiene mucha cabida, y es prácticamente ausente. → Las palabras tienden a interpretarlas literalmente.

Personajes que son detestados en algunos lugares son venerados en otros. Palabras que suenan vulgares en algunos sitios son muy normales en otros. Actos como rechazar una comida, entrar con los zapatos puestos a una residencia, o besar la mejilla para saludar, pueden provocar una alarma nacional en algunos países. La lista de diferencias culturales es interminable.

"YA NO ESTAS MAS A MI LADO, CORA!

Dentro de las culturas, no faltan las comparaciones. La gente se apasiona al extremo en **competencias** a nivel mundial y a nivel regional. Y en eso se destaca mayormente el deporte. También, en muchos países, las personas hacen alarde de sus obras de arte, de sus obras de ingeniería, y de sus hazañas. (En épocas no muy lejanas, el orgullo era considerado un pecado. Pero hoy día, expresarlo parece ser la norma, especialmente en países occidentales. La impuntualidad, sin embargo, es casi un pecado mortal para ellos).

La cultura también usa **los estereotipos** para expresarse. Un estereotipo es una idea muy común basada en comparaciones. "Los hombres no lloran; eso es para los débiles" , "Los científicos son medios locos" , "Los árabes son terroristas", "Los latinos son machistas y brutos", "Las niñitas deben vestir de rosita y los niñitos de azul" , "Los indígenas son gente muy simple" , "las mujeres deben pertenecer al hogar". Son memes, al igual que los refranes. Pero a diferencia de aquellos, los estereotipos vienen con desinformación. Y pueden durar muchísimo tiempo sin corregirse causando inconveniencias.

Sobrerregulación

En muchos lugares, se han empleado maneras muy astutas de estereotipar (y controlar) a grupos de personas que no caían en el marco requerido. En la Rusia de José Stalin, a los opositores del gobierno los llevaban a campos de concentración para ser utilizados como esclavos. Entre los castigos estaba la labor forzada, la negación de alimentos, y el hacer experimentos con ellos. En Alemania, los nazis encerraban a personas que ellos consideraban de razas inferiores para luego desaparecerlas.

Por muchos años, la esclavitud era una institución del gobierno. Se dice que ha sido erradicada, pero todavía existe en otras formas.

Además, el uso de la intimidación y de sugestiones como el sentimiento de culpa, o el sentimiento de inferioridad, han sido impulsados por personas que creen tener mayor validez dentro de la sociedad.

Ciertas culturas avanzadas viven bajo un nivel de estrés tan alto que apenas son felices. Otras que no son tan "avanzadas" son más felices ya que consiguen todo lo que desean en un ambiente mucho más tranquilo: sin estereotipos, sin prejuicios, sin burocracias, y sin normas

Un arte típico: el bonsái

incompresibles. Algunas pueden tener costumbres que resulten chocantes para nosotros, quizás, por motivos religiosos o de supervivencia.

Subculturas

Una respuesta al convencionalismo son las subculturas. Una subcultura está formada por individuos que tienen unas características muy peculiares o muy diferentes de la mayoría de las personas. Algunas imponen severos estándares de conducta. Otras son más liberales.

- *los militares*
- *científicos*
- *comunidad lbgt*
- *crimen organizado*
- *personas de extrema derecha*
- *sectas, fraternidades*
- *artistas, bohemios, la izquierda...*

Casi todas las subculturas traspasan barreras geográficas y no responden a ninguna "continuidad cultural" ni étnica. Un chino puede ser el único asiático perteneciente al movimiento *blablablá* que consiste en personas de diferentes culturas.

Hay subculturas que no tienen un rol muy comunicativo entre sus miembros. Otras tienen un control casi total sobre ellos. Los soldados, son un tipo de subcultura sobre los cuales se extiende un amplísimo control. El entrenamiento y la disciplina militar pueden ser muy rudos. Ello acondiciona a los soldados para que puedan enfrentar los excesos de una guerra.

Un buen general no necesariamente es aquel que sabe ganar una batalla. Un buen general es aquel que la gana con el menor número de daños colaterales. También lo es aquel que sabe cuándo tiene que ordenar una retirada.

Hay pues, varias maneras de influenciar a la gente y sus preferencias. Algunas no son tan chocantes como sutiles:

Sesgos

Ante la enorme cantidad de influencias que recibimos a lo largo de nuestra vida, es de esperarse que existan actitudes y comportamientos un poco equivocados. Se llaman sesgos cognitivos. Un sesgo es un error de razonamiento que afecta nuestra manera de pensar y de comportarnos. Un ejemplo es el **"efecto de la manada"**. Se caracteriza por muchos seguir la opinión o el mismo comportamiento que sigue la mayoría.

Otros:

- Descartar una buena solución simplemente porque viene de un enemigo o de alguien "inferior".
- Creer que nuestros hábitos, valores y opiniones están ampliamente extendidos.
- Catalogar como más mala a una acción que a una inacción igualmente dañina.

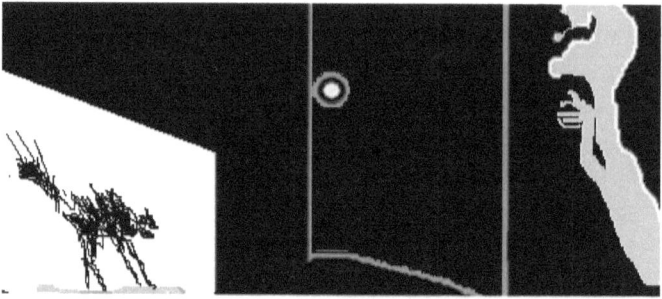

Mitos sobre seres sobrenaturales, en especial, El Cuco son temas que nunca faltan en cualquier cultura.

- Creer que estamos sobre el promedio en casi todo lo que hacemos cuando la realidad es que no pasamos de mediocres en la mayoría.
- "Mundo malo": gente que ve mucha TV tienden a ver el mundo como un sitio muy malo.
- "Mundo justo": tendencia a creer que cada cual tiene lo que se merece.
- Actuar de una manera diferente cuando sabemos que estamos siendo observados.

Hay centenares. La sociedad puede verse enormemente influenciada por estas tendencias en la gente. Políticos y empresarios lo saben y las utilizan a su manera. Ellos se enfocan en emociones muy fuertes como el miedo, la sorpresa, o la lástima.

También ha existido la desinformación a lo largo de los siglos. *Frases* como "Él tiene un buen corazón" se basan en la antigua creencia de que en el corazón se originan los pensamientos. Otros relacionaban a las enfermedades con posesiones demoniacas.

En el otro extremo, está el **pensamiento crítico**. Quienes lo aplican abogan por una forma de pensar en la cual se usa el conocimiento y la inteligencia para identificar los errores de razonamiento, y llegar a la posición más razonable en cualquier asunto.

----------/////----------

Algunos sesgos son muy válidos. → → como el rechazo instantáneo a situaciones con muy pocas probabilidades de salir bien. Muchos estudiosos sostienen que los sesgos son un producto de la evolución humana, y que en el pasado eran necesarios **para sobrevivir**. Otros se presentan como el único modo de lidiar contra lo que no conocemos; O cuando no tenemos mucho tiempo para pensar.

(Aunque la etapa de la adolescencia es matizada con adjetivos como *"los ignorantes"* o los *"rebeldes sin causa"*, de acuerdo con estudios, el **sentido común** está más afianzado durante esa etapa de la vida que durante otras etapas. Y por lo tanto, están más lejos de los prejuicios. Al perder "la flor de la juventud" también se pierde naturalidad. En cambio, se ganan las actitudes y los temores propios de los años venideros).

Roles

Creer que tenemos control sobre situaciones en las cuales no lo tenemos, es un sesgo. Pero ayuda en la perseverancia, la cual es una cualidad muy importante para alcanzar objetivos. Y entre ellos, están los roles que cada cual desea tener en el futuro.

Los roles son actividades en los que la gente encuentra un grado de independencia y estabilidad. Algunos envuelven destrezas y responsabilidades. Los roles se identifican a menudo con el tipo de ocupación. O con los hábitos y valores. Está por ejemplo el rol del padre proveedor, el de la madre protectora, el del hermano servicial... ... la sabia maestra, el obrero fiel, los religiosos arrepentidos, el valiente policía, la que ama los presos, etc. Mientras que los sesgos hacen a uno actuar a la defensiva, los roles nos pueden hacer actuar proactivamente (buscando siempre lo mejor).

Los roles que asumimos, y en especial, los roles profesionales, pueden condicionar la manera como vemos las cosas. Profesiones como la medicina, y la del trabajador social, requieren personas con unos valores muy altos,

110

enfocados en el bien ajeno. Líderes de grupos (y de países) también deben ser personas con una madurez y un carácter que los guie a tomar decisiones por el bien de todos. No por prejuicios o sesgos, ni por presiones.

Los ingenieros, y los técnicos, son las personas encargadas de desarrollar y mantener los artefactos y las comodidades que actualmente poseemos *(radios, edificios, puentes, carreteras…)*. Ellos hacen grandes calculaciones y eligen, de entre muchas opciones, la que más convenga basándose en prisa, economía, y calidad.

Un *químico* o *ingeniero químico*, está interesado en la calidad de los productos y en la materialización de procesos capaces. Un químico también puede dedicarse a crear substancias, como las medicinas. Los *ingenieros mecánicos*, se interesan mucho por *la* eficiencia de sus equipos, y los *ingenieros civiles* hacen estructuras que soporten la carga a la cual puedan ser sometidas. Muchos *ingenieros electricistas* se interesan en el *control* de máquinas. Otros hacen equipos que lleven información rápida y precisa de un lugar a otro. Aunque la automatización es un producto meramente humano, se separó un capítulo para ella debido a lo profundo y abarcador del concepto. (Ver → capítulo 5).

Los Ingenieros también se pueden encargar de desarrollar métodos para precaver situaciones adversas como los fraudes y los accidentes. Antaño, solo existían dos tipos de ingenieros: los ingenieros civiles y los ingenieros militares.

La profesión más noble se nutre de una serie de pasos bien coordinados para evitar resultados indeseados. En la medicina, además de exámenes personalizados, los tratamientos pueden consistir en operaciones, tratamiento no-invasivo (medicinas, terapias), o tratamiento preventivo

111

(vacunas, dietas o ejercicios). Al igual que los ingenieros, ellos aplican todo el conocimiento que se adquiere estudiando **ciencias** para tareas que beneficien a la humanidad. (ver parte 9, experimentación).

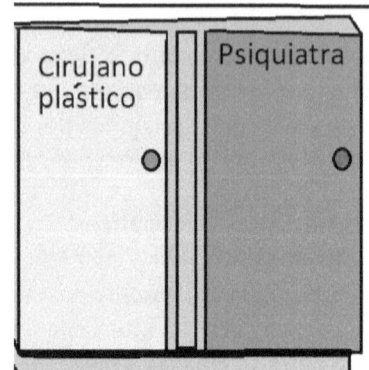

La *medicina oriental* también se nutre de una serie de pasos bien coordinados, aunque no incluya los modelos que presenta la medicina occidental. Su acercamiento es más hacia lo natural, pues ven en la naturaleza el balance de todo. Los cuatro pilares de la medicina oriental son las hierbas, la acupuntura, los masajes y la meditación.

Las técnicas de relajación, como el yoga, y la meditación, buscan encontrar ese punto de armonía interna que todos anhelamos. En algunas personas, una manera de meditar es pensando en **viejos** y agradables recuerdos (como en las películas que solían ver, los productos que estaban en boga, o la música que solían escuchar durante la adolescencia). Otros logran borrar preocupaciones visitando nuevas culturas o adquiriendo **nuevos** conocimientos.

------/////------

Algunos dicen que la cultura es en parte un producto del "subconsciente colectivo". El subconsciente colectivo es un concepto ideado por Carl Jung. Se compone de instintos animales y de ideas muy simples arraigadas en la mente de todo ser humano que se relacionan con experiencias de nuestros antepasados. Menciona nociones como *el creador, la autoridad, el inocente, el sabio, el bufón,* y circunstancias en que estos se manifiestan en cada persona. Muchos cuentos de hadas e historias épicas sobre héroes nacionales contienen conceptos arquetípicos.

ECONOMÍA

Economía es el análisis y las reglas para la producción, distribución, y uso de **bienes y servicios** (*comida, ropa, electrónica, entretenimiento, construcciones, educación, tierras, dinero...*). Siendo uno de los aspectos más controversiales de la vida, podría necesitar mecanismos que la controlen. Algunos dicen que ella 'solita' se controla.

En *paises capitalistas* existe lo que se llama "libre empresa". Cualquiera con recursos puede ser dueño de una empresa y tener ganancias ilimitadas. Pero en *paises socialistas*, la ley no favorece a la libre empresa. Las empresas "pertenecen" al pueblo, y el estado supuestamente hace la distribucion de las riquezas. La prioridad, según ellos, es crear una sociedad sin diferencias económicas y sociales. Nadie cobra mejor que otro que tenga las mismas habilidades.

Pero muchos utilizan la ley a su favor y **hacen imposible** esa meta. Algunos paises no socialistas procuran alcanzarla al menos en asuntos como educación y salud universal, servicios para los retirados, servicios para los indigentes y mejores tasas de impuestos. El socialismo más extremo es **el comunismo**, y pone en el gobierno un control absoluto sobre toda forma de producción, incluyendo tierras y bancos. Para ellos el fin justifica los medios; Así pues, harán uso de fuerza letal de ser necesario para alcanzar su objetivo.

----------/////----------

De acuerdo con el llamado "padre de la economía moderna", Adam Smith, existe una fuerza reguladora dentro de cada sistema de libre empresa o capitalismo puro. Según el economista, la tendencia en cada empresario en maximizar sus ganancias, (teniendo solamente a la competencia como adversario), crea un ambiente **autorregulado** que propicia el bien para todos. A esa fuerza él la llamó "*la mano invisible de la economía*"

Según Adam Smith, la mano invisible crea un ambiente de precios y de cantidades de artículos para la venta al nivel más perfecto posible. (ver la gráfica más adelante).

Un poco de historia
Mucho del sistema económico antiguo se basaba en el intercambio de cosas: *"te doy esto a cambio de aquello"*. Luego, para mayor justicia, se hizo necesario que la compra estuviera separada de la venta, y se creó el dinero. Eventualmente, surgieron los bancos. Se llaman así porque los prestamistas hacían negocios en los bancos de las aceras. La función principal de los bancos es guardar el dinero de la gente. También ofrece préstamos y cobra interés por ese préstamo. (Interés es el precio que se paga por pedir dinero prestado).

114

Los bancos son el "puente" entre pobres y ricos. Los ricos guardan su dinero en él, y el banco se lo presta a los pobres bajo un **interés**. O lo invierte en otros negocios.

Curiosamente, los primeros prestamistas no cobraban intereses. Luego, a un tío se le ocurrió cobrar intereses. Y fue tanto lo que cobraban que muchos nunca pudieron pagar sus deudas completamente, y fueron a parar a la cárcel o a ser utilizados como esclavos. La esclavitud incluso se transfería a los hijos. Más tarde, entre los siglos 18 y 19 ocurrió un fenómeno que cambió para siempre la cara de la sociedad: la revolución industrial y sus fábricas. Las fábricas trajeron mucha gente del campo a las ciudades. También despedazaron la vocación del artesano.

Era otro tipo de esclavitud. En los inicios de la revolución industrial, el gobierno tenía una política que le permitía a los patrones hacer lo que les diera la gana. Los dueños de fábricas se enriquecían sin límite mientras que los trabajadores, incluyendo niños, eran obligados a largas horas de trabajo bajo pésimas condiciones. Algunos sucumbían en ese trajín. Después de incesantes luchas, se hizo más que necesaria la intervención del gobierno en ese sucio pasado.

En algunos países se impusieron condiciones de trabajo como horas máximas, edad mínima, salario mínimo, uniones y seguro por desempleo. Otros asuntos que tuvieron que ser intervenidos fueron el control de los precios y del monopolio. Un monopolio es una corporación que acapara totalmente la producción de un artículo o servicio. No hay competencia en los monopolios. Ahí los precios pueden dispararse.

En la mayoría de los países, el gobierno se reserva el monopolio sobre las fuerzas militares, la policía, la producción de moneda, el seguro social, el correo, y muchos parques y recursos naturales.

La *revolución industrial* fue un proceso lento que tuvo marcados avances en determinados momentos. Antes de su gran arranque en el siglo 18, artesanos y mercaderes de todo tipo empezaron a florecer grandemente después del siglo 13. Formaban grupos que mantenían un monopolio sobre un producto, y eran protegidos por el gobierno local o feudalismo.

Pero después de los viajes de marco polo, de la invención de la imprenta, y del descubrimiento de nuevas tierras, la imagen feudalista de la sociedad fue cambiando. (El feudalismo era un tipo de sometimiento). Las cruzadas también condicionaron el ambiente para importantes cambios. Eran guerras financiadas por la iglesia y por gobiernos católicos con el fin de conquistar tierra santa y salvaguardar la seguridad de quienes quisieran visitarla. Aquellos que pelearon en las cruzadas traían consigo ideas de tierras lejanas. Y también enfermedades. La pólvora, de su parte, cambió radicalmente el balance de poderes. Países que poseían las mejores armas y estrategias dominaban las mejores rutas. Ellas son importantes para el comercio, las exploraciones, las peregrinaciones, y la expansión del conocimiento.

-----------/////----------

Una gran modificación en los sistemas económicos fue la siguiente: Potenciales empresarios que no tenían los suficientes fondos para levantar su anhelada empresa, vendían derechos sobre ella (por adelantado). Así podían reunir suficiente dinero, y levantarla. Cualquier individuo podía comprar uno o más de esos derechos, que son llamados **acciones**. Las acciones permiten al poseedor participar de las ganancias de la empresa. Desde ese momento, la empresa ya no pertenece a una sola persona, sino a decenas (o a miles) de personas.

Un ejemplo de una empresa que necesita mucho dinero para levantarla es una central hidroeléctrica (a veces billones de dólares). Carreteras extensas, transporte, sistemas de telecomunicaciones, o de energía también pueden requerir mucho dinero. La primera empresa en vender acciones fue la *compañía holandesa de las islas orientales*.

A diferencia de los préstamos, el dinero invertido en acciones comunes no se regresa si la compañía fracasa.

Con mucha frecuencia, las acciones de industrias como autos, petróleos, y grandes corporaciones, se ponen a la venta aun entre los compradores originales. Se crea entonces el mercado de acciones. También se le llama **"la bolsa"**. El precio de las acciones cambia, y es determinado por factores como la prosperidad de la empresa, la situación política mundial, y hasta el pánico de la gente.

Se dice que la salud económica de un país se puede determinar en base a la actividad dentro de su bolsa. En la bolsa se venden valores tales como bonos y acciones. Ellos pueden servir para iniciar o expandir negocios.

El reloj vale mil pero te lo dejo en $50.

Solo tengo 5 pesos.

Trato hecho.

----------/////----------

Durante el siglo diecinueve, también surgían pensamientos sobre las diferencias entre los hombres. Algunos con una mente muy estrecha abogaban por un "racismo científico". Otros se encargaban de hablar sobre las riquezas. Socialismo y comunismo son sistemas económicos con un mismo fin: un mundo sin diferencias. Pero el comunismo es más radical. A pesar de eso, algunos lo veían como una travesía romántica hacia épocas en donde no existían las diferencias sociales. Los capitalistas, por su parte, atacan la falta de iniciativa y creatividad que, según ellos, impera dentro del comunismo. Los logros individuales no son justamente recompensados, provocando desmotivación y fuga de talento hacia otros sitios.

El pensamiento económico más utilizado durante el siglo pasado se llamó *economía keynesiana*. Fue introducido por un inglés para regular los desmanes del capitalismo puro. Según Keynes, en épocas de depresión económica, el gobierno debería **gastar más**, y promover las inversiones con miras a crear empleos directa e indirectamente. Si fuese necesario, daría incentivos a nuevas empresas o a patrones que empleen a muchos (tal vez bajándoles los impuestos). O pediría dinero prestado al banco central para hacer obras públicas, y así crear trabajos. El banco central **crea dinero** de acuerdo con la urgencia. También cuida el valor del peso.

El plan incluye ayudar a los menos afortunados dándoles ciertas ayudas (cupones de alimentos, préstamos con bajísimos intereses, retiro adelantado...). Todo esto pondría muchísimo dinero a disposición de la gente y **aumentarían las compras**. Al aumentar las compras, se tendrían que producir más artículos (o servicios), lo cual crearía más empleos. Mientras más empleos se creen, mayor es la recuperación.

Por su parte, cuando las cosas mejoren, el banco central toma control para evitar que un aumento desmedido en el dinero que está circulando lleve a una inflación atroz. (Esto es, una subida descontrolada de los precios, y en consecuencia, un bajón en el valor del peso). El banco central responde aumentando el interés a sus préstamos. Eso afecta a todos los demás bancos, y eventualmente, a futuros deudores. Aumentar el interés tiene el efecto de frenar los préstamos, las compras, y las subidas de los precios. En eso también caen las tarjetas de crédito. Sube también el desempleo, pues disminuyen las inversiones. Aun así, se espera que todo conduzca a un mejor estado de equilibrio.

El siguiente diagrama muestra el punto de equilibrio entre las dos mayores fuerzas de la economía, la oferta y demanda (o las compras y las ventas). También analiza el estatus del peso. Controlar el valor del dinero mantiene la confianza del público, lo cual es esencial para una economía robusta.

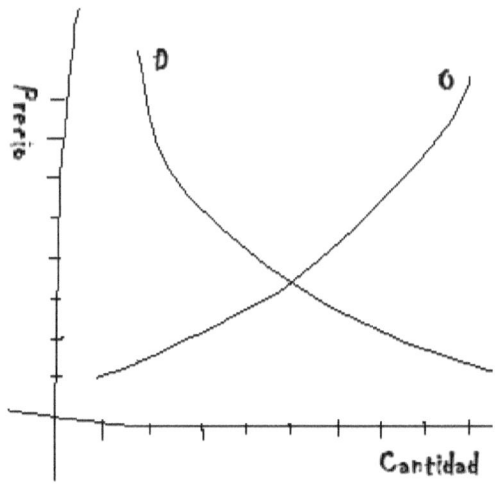

En una economía libre, los precios y la disponibilidad de artículos y servicios siguen un patrón más o menos regular. Ello se explica mejor con un diagrama. En este diagrama, si el artículo o servicio sube de precio, la cantidad demandada disminuirá. Y viceversa. Así lo explica la curva "D". Si por otra parte, la cantidad deseada de un artículo o servicio aumenta considerablemente, el suplidor la suplirá pero aumentará su precio. Y viceversa. Así lo explica la curva de oferta "O". Eso controlará su demanda y agotamiento. (Aunque en este caso, el producto tiene un buen porvenir). El punto donde ambas curvas se unen muestra la cantidad y el precio óptimo.

Los precios suben cuando hay escasez. **También** suben cuando hay mucha demanda. Los antiguos economistas no tenían esto en cuenta. Solo pensaban que los precios afectaban la demanda, y no viceversa.

(ver → coordenadas)

El gobierno puede pagar sus gastos a través de los impuestos. Un impuesto es un dinero que el gobierno extrae del salario de los trabajadores. Es su mayor fuente de ingresos. Otros impuestos provienen de otras fuentes. El gobierno a veces fija impuestos a productos extranjeros que hacen competencia con productos locales con el fin de proteger a los productores y trabajadores locales. Eso altera la libre competencia y no es muy deseada. Además de subir precios, también puede dar paso a la corrupción. En gobiernos muy pobres, esos impuestos suelen ser una importante fuente de ingresos.

El estado también puede financiar parte de su obra a través de la bolsa, y así evitar los gastos excesivos. Países socialistas liberales como China es uno de ellos. (En la bolsa se pueden vender *bonos y acciones.* Un bono es dinero que un gobierno o una corporación pide prestado bajo la promesa de pagarlo con intereses luego de un plazo.

La deuda de los países se debe en gran parte a los bonos que debe.

Muchos capitalistas defienden a calzón quitao un modelo de economía superlibre. Esto es, una intervención mínima del gobierno en los asuntos económicos. Por lo tanto, detestan los impuestos. Los liberales incluso atacan los servicios que ofrece el gobierno (salud pública, educación pública, edificios públicos, carreteras ...) tachándolos de ineficientes y burocráticos. Dicen que esos servicios serían más eficientes si estuvieran en manos privadas. Según ellos, los empleados del gobierno no son tan dedicados como los de la empresa privada.

A pesar de la desigualdad económica que el liberalismo trae a la postre, para ellos todo funcionaría muchísimo mejor bajo la mano invisible de la economía.

La mayoría de las economías son mixtas. Toman de ambas partes, socialismo y capitalismo. Se forma entonces un espectro que abarca desde las más liberales, hasta las más socialistas. Dentro de ese espectro se encuentran las economías escandinavas como Noruega y Dinamarca. Ellos gozan de una altísima calidad de vida. Aunque se autodefinen capitalistas, sus modelos de recaudación de impuestos son de los más severos. Tienen como regla que "nadie escape a su obligación de crear una sociedad más justa". Aun así, la mayoría de su gente no se queja, pues se refleja en la fama de estar ellos entre los países más felices del mundo.

Inversiones

A algunas personas les sobra dinero y deciden invertirlo. Muchos lo ponen en una cuenta de ahorro para la educación de sus hijos y otros planes futuros. Otros compran cosas que hoy están baratas pero que presumen estarán más caras luego de un tiempo. Compran acciones, terrenos y propiedades. Levantar un negocio propio es otra manera de invertir (ya sea en construcción, agricultura, servicios, ventas, rentas o en cualquier otra cosa que llame la atención del consumidor...). La *creatividad* y la *propaganda* son factores que pueden poner a su favor el universo de consumidores.

Áreas donde más se invierte:

- Abriendo un negocio propio (y obtener ganancias)
- En cuenta de ahorro o prestando dinero (y obtener intereses)
- Comprando tierras y/o propiedades (y cobrar renta por ellos)
- Comprando acciones de una corporación (y obtener dividendos)
- Apostando en los juegos de azar, deportes o en la bolsa
- Comprando bonos (y obtener intereses)
- Participando en un fondo de retiro
- Comprando un seguro de vida
- En investigación

Algunos entienden que las crisis económicas son un efecto de la entropía, la cual también se cuela en los sistemas económicos y sociales. Sin la debida regulación y modernización, un sistema económico entraría en crisis o en estancamiento, tal y como sucede en la naturaleza, cuyo grado de desorden aumenta imparablemente.

GOBIERNO

Las conexiones entre las personas se agrandan si existe un lenguaje y una idiosincrasia común. Eso puede dar paso a la creación de una cultura, y un gobierno. Algunos le pintan al gobierno un origen muy parecido al del sistema solar en el cual todo componente converge hasta el punto en que todos empiezan a girar alrededor de un centro común.

Personas con mucho dinero e influencia casi siempre acaparan las posiciones más importantes dentro de un gobierno. Pero también se pueden amasar seguidores mediante la creación de algo que se conoce como *partido político*. En una **democracia**, la fuerza de un candidato depende del número de seguidores. No de su dinero ni de su posición social.

Algunos partidos han llegado a ser tan poderosos que han cambiado el curso de la historia. Entre los más famosos se encontraban el partido Nazi alemán y el partido Bolchevique ruso. El primero desató una guerra mundial, y el segundo trajo la primera nación comunista del mundo. Ambos abrazaban ideas muy opuestas entre sí.

¡Bravo!

¡Perfecto!

Ridícu,

(Rusia, un país comunista, peleó del lado de los aliados durante la segunda guerra mundial. Los aliados son países capitalistas (o anticomunistas). Irónicamente, el gran perdedor, Alemania, produjo las mejores mentes para la fabricación de la bomba nuclear. Pero los aliados consiguieron hacerla primero, gracias a desertores, y finalmente ganar la guerra).

El gobierno es un asunto político. **Política** es el arte de tomar decisiones que afectan a muchas personas. Incluye hacer tratados con otros gobiernos, o hacer la guerra. La creación de leyes es otro acto político. Un sistema de

125

gobierno, como al que estamos acostumbrados, consiste en tres ramas principales: la rama legislativa, la rama ejecutiva y la rama judicial. Eso está escrito en un papel que se llama *"la constitución"*. La constitución contiene las leyes básicas de un país.

La rama **legislativa**, se encarga de hacer las leyes. Ella está compuesta por personas que representan la voz del pueblo y que se reúnen para debatir asuntos importantes sobre el país. En muchos países, para evitar conflictos de intereses, algunos sugieren que hayan dos parlamentos. Esto es, dos grupos de legisladores por separado. La idea es que "dos cabezas piensan mejor que una". Se supone que eso inhiba los sesgos, los favoritismos, y otras inconveniencias.

La rama **ejecutiva** se encarga de hacer que se cumplan las leyes utilizando organismos como *la policía, corrección, educación, desarrollo económico, recreación, fiscales, salud pública...* Su máximo líder es el presidente del país. Otras áreas que no deben faltar son aquellas que controlan los gastos, la corrupción, y los precios de los artículos básicos. Un buen gobierno hace instituciones con el fin de cuidar y mejorar a su gente. No permitir que los problemas disminuyan la calidad de vida.

Los paises se basan en leyes. Entre las más importantes se destaca la que establece el derecho de cada persona a tener un juicio con jurado. Desde la edad media, existe el derecho de ser juzgado por personas de la misma clase social que el acusado. Esto es en casos graves. La edad media fue el periodo en la historia europea

comprendido entre los años 476 al 1453.

La rama **judicial** oye los conflictos entre las personas y resuelve sobre ellos. Cuando hay insatisfacción en la decisión de una corte, muchos casos se pueden presentar ante una corte mayor. A veces se crean precedentes. Son decisiones más allá que lo que está escrito. En el gobierno de los Estados Unidos los jueces tienen el poder de crear precedentes en casos civiles. Esto es bueno ya que toma en cuenta el hecho de que cada vez las personas son más complicadas. Sumémosle a eso **la burocracia**. La burocracia es un mal ocasionado por la complejidad del gobierno y sus excesivas leyes. Afecta enormemente la rapidez de los servicios. Los más afectados son los pobres.

La **rapidez** es muy importante para un buen gobierno. Pero eso no quita que los recursos no esten bien protegidos. Gastos y transacciones en los que incurre un gobierno, por pequeños que sean, deberían estar registrados en cuentas que estén a la vista de todos para desalentar el pillaje y el mal uso de los dineros del pueblo. El ciudadano común debe tener total libertad de enterarse de las leyes que se quieran aprobar, y de los gastos en los que incurre el gobierno.

Las relaciones internacionales es otra de las gestas más importantes de un gobierno. Su estabilidad a largo plazo depende en gran medida de las relaciones que tenga con otros gobiernos. *Comercio, comunicación, transporte internacional, asuntos financieros, pandemias* son algunos de los temas que más se ventilan en las relaciones internacionales.

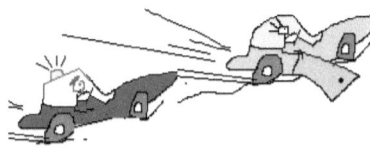

Gobierno y economía están muy enlazados. Durante la época de las *grandes conquistas*, muchos empresarios veían grandes oportunidades en el comercio exterior. Compañías poderosas que hacían negocios en el exterior tenían la potestad de hacer tratados, acuñar monedas, y declararle la guerra a otra nación. Hoy día, quizás debido a la gran cantidad de billonarios que han producido las industrias, la cosa es diferente. Muchos países buscan desesperadamente inversionistas y turistas para mejorar su situación económica. Las inversiones ayudan en la creación de empleos, y en el bienestar general. Intercambios educativos con otros países, y con otras tecnologías, también pueden hacer la diferencia en un país estancado.

Instituciones como **educación**, son la base para el desarrollo económico, y tienen que ser adelantadas por una entidad poderosa como el gobierno. De esa base salen los grandes personajes que dirigen el mundo.

De acuerdo con el sociólogo Robert Owen, **la competencia** es fuente de mucha infelicidad humana. Solo la cooperación desinteresada lleva al pleno desarrollo humano, decía. Ante esa coyuntura, propuso la creación de modelos de comunidades compuestas por personas comprometidas en ayudarse mutuamente. También sentó las bases del cooperativismo.

La experiencia de Juan del pueblo

El cerebro humano recibe, transforma y guarda una cantidad de entradas que en conjunto reciben el nombre de **experiencia**. El cerebro de otros animales también registra y reacciona ante esas entradas que usualmente son llamadas estímulos. Pero en el hombre, la experiencia va más allá. Con la experiencia, el hombre crea patrones, rompe patrones, puede pensar de una manera abstracta (difícil), y a diferencia de otros animales, generalmente no actúa por estímulo y respuesta... O al menos eso se da por sentado.

7

EXPERIENCIA COMÚN

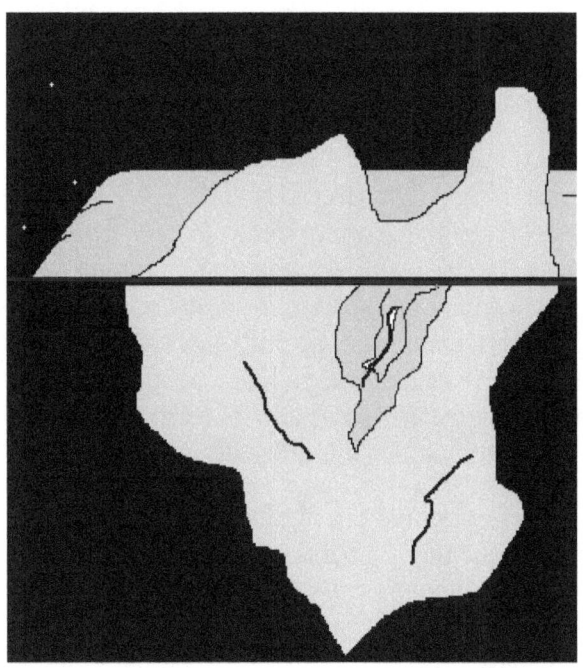

Representación de la mente según el modelo psicoanalista. El ego y el superego se encuentran parcialmente a flote mientras que el id está totalmente sumergido.

Experiencia común

Existe una teoría muy famosa sobre la mente. Según el psicoanalista Sigmund Freud, la mente humana es el producto de tres fuerzas: **El id** es la fuerza primitiva. Tiene como objetivo preservar a la especie humana. Está presente desde el nacimiento, es desorganizada, y solo busca la satisfacción inmediata. **El ego** es la segunda fuerza. Se forma cuando el niño confronta sus impulsos con la realidad, y aprende técnicas de comportamiento. El ego también busca satisfacerse, aunque no a un alto precio.

El superego se desarrolla cuando los niños aprenden lo que sus padres y la sociedad consideran "bueno" y "malo" (o el cielo y el infierno).

El ego, es la parte más realista, y por ende, interviene en situaciones donde el id y el superego chocan. Usa mecanismos de defensa tan diversos como *la negación, la represión, la agresión, el humor, el altruismo, culpar a otros, identificarse con otros, y hasta la fantasía patológica* para hacerle frente a situaciones que pudieran causar mucha ansiedad. Otros usan la *regresión*. Se llama así porque inconscientemente regresan a un estado de comportamiento infantil. Así evitan sentirse responsables de sus actos.

La humildad, es considerada por algunos un mecanismo de defensa ya que hace que las personas estén más **conscientes** de sus limitaciones. Eso les evita caer en situaciones muy incomodas.

Si nuestra gran herramienta (el ego y sus mecanismos de defensa) no logran intervenir efectivamente entre el id y el superego, disminuyendo la ansiedad, aparecen las condiciones mentales (de acuerdo con esta teoría).

LA MEMORIA SUBCONSCIENTE

Durante el paso del tiempo, nos ocurren cosas. Conocemos gente nueva, nos ilusionamos, nos desilusionamos, ocurren imprevistos, algunos maduran, los genes, la crianza...

Las emociones, y sus repercusiones en el cuerpo, están entre los primeros efectos que se derivan de eventos importantes. Las emociones son estados mentales que en ocasiones pueden ser absorbentes y duraderos. A veces impulsan a uno a hacer algo como *correr, agredir, reír, llorar, acercarse, alejarse, hablar de más, etcétera.* También pueden tener repercusiones físicas como el dolor y otras más solapadas (fobias, complejos...).

Es posible que las emociones afecten la manifestación de los genes. Se ha documentado que condiciones como el asma, las alergias, y la inflamación crónica tienen un fuerte componente emocional. También se ha dicho que las células en donde la sustancia *serotonina* juega un papel importante cambian severamente de forma ante un estrés muy fuerte. Eso puede dañar en las células del cerebro su capacidad para comunicarse.

La **química del cerebro** es la parte de nuestro cuerpo que está íntimamente relacionada con estos tipos de experiencias. Ella es como el regulador natural de las emociones y del dolor. Cuando la química del cerebro pierde su capacidad de regular, el desasosiego y los problemas mentales están al asecho. Freud dijo que, por ejemplo, el sentimiento de culpa puede llevar a la depresión si no es bien canalizado. Pensar repetidamente sobre un mismo asunto del pasado, o del futuro, (rumiar), también puede llevar a un estado caótico.

Las emociones crean lazos entre el pasado y el presente. Según el sistema freudiano, la respuesta sexual, y otras emociones acaecidas durante la niñez, juegan un papel crucial en la causa de todas las neurosis. Ante eso, los psicoanalistas intentan, mediante charlas, llegar a una etapa de la niñez de sus clientes que se quedó sin solución.

— ¿Qué pasó? ¿Estás soleao?
— Simón. Me dejó el corrillo.

Las pesadillas, suceden a veces como consecuencia de experiencias traumáticas no resueltas o mecanismos como la represión, el mas poderoso mecanismo de defensa.

Prácticamente rebuscan el subconsciente. El subconsciente contiene recuerdos, deseos y procesos mentales. Se manifiesta en el contexto de los sueños, a veces, a través de imágenes cargadas de emoción. También se luce en las fobias, en los complejos, en las habilidades para sobrevivir, y en las metidas de pata.

Según la psicoanalista Ana Freud, la intuición es importante para atajar a tiempo los efectos desenfrenados del subconsciente. Ella se manifiesta como una señal indicando que algo amenazante puede estar muy cerca.

Otros abogan por un lado quizás más accesible. Existe la opinión de que todo lo que el ser humano hace es algo que **lo ha copiado**. Por lo tanto, muchos hábitos, costumbres, y modos de pensar pueden desaprenderse.

Las cosas son más fáciles si imitamos al grupo.

De acuerdo con una tribu de la India, al crecer, los niños empiezan a discriminarlo todo por categorías. Están inmersos en los prejuicios de sus padres. La doctrina de los agori promueve llevarlos por un sendero del desaprendizaje, al cual llaman "retorno a la tierra".

Aprendizaje

A veces es difícil encontrar la causa detrás de una inclinación o de un comportamiento repetitivo. Y es que puede tener raíces profundas. Imaginemos la siguiente situación: si tomamos un trozo de carne y se lo mostramos a un animal, éste intentará atraparla alzándose con las patas traseras. Luego de esto, le damos la carne. Pero si cambiamos un poco la rutina introduciendo un estímulo más débil, (digamos, la palabra "levántate"), el animal podría asociar ese otro estímulo con comida, y probablemente se alzará **con solo** oír la palabra.

La nueva acción es una acción condicionada o aprendida. Las respuestas condicionadas no solo suceden tras una recompensa; también suceden con castigos. En ese caso, la respuesta podría ser *huir* ante la palabra *"levántate"*. Todo esto arroja algo de luz sobre el proceso de aprendizaje y formación de hábitos, no solo en los animales, sino también en las personas.

Aprender es introducir dentro de nosotros una nueva característica debido a algo que hacemos mucho o debido a alguna experiencia que nos haya impresionado. Incluye habilidades especiales aprendidas mediante la práctica.

Casi siempre aprendemos **imitando** a otros. Copiar cualidades de aquellos que consideramos dignos de admiración (nuestros modelos), es uno de los mecanismos más utilizados durante las primeras etapas de la vida. Los niños aprenden a hablar y a imitar el comportamiento de los más allegados. Los adolescentes muchísimas veces copian cualidades de sus amigos. A veces se habla de la cultura (y los valores) en los cuales te criaste. O de la cultura (y los valores) que posees.

Los valores son los principios de cada persona: aquello en lo cual colocas mucha importancia y te motiva a actuar de cierta manera. Son algo así como un superego desarrollado. Algunos, por ejemplo, tienden a darle mucho valor a la *apariencia física* o a las *cosas materiales*, y buscan un trabajo rápido que les proporcione una rápida recompensa. Otros prefieren renunciar a muchas tentaciones y buscan hacerse de una profesión primero. Muchos valoran el conocimiento científico mientras que otros ponen muy en alto los preceptos religiosos. La lealtad y la bravura son valores muy comunes entre grupos fraternos, y en los militares. Hoy día se habla mucho de injusticia y desigualdad. Algunos encuentran gratificación ayudando a los más necesitados.

Las *recompensas*, relacionadas con las necesidades básicas, inducen el aprendizaje, el deseo por conocer, y las emociones positivas. Sin embargo, una obsesión por las mismas puede convertirse en algo totalmente contraproducente y negativo.

Sublimación es un mecanismo de defensa muy desarrollado en el que ciertas personas canalizan algunas de sus necesidades hacia otras direcciones que a la larga pueden resultar muy beneficiosas. Algunos se enfocan en los deportes. Otros perseveran en el arte o en la música. Muchos destacan en actividades científicas. Otros descuellan inventando algo útil y novedoso…

Dicen que las necesidades son meros "estados en desequilibrio". Pero también pueden ser la fuerza detrás de muchas mentes creativas.

Un complejo es una reacción exagerada ocasionada por una experiencia negativa del pasado. Alfred Adler, la autoridad en complejos, dijo que el complejo de inferioridad aparece invariablemente durante la niñez. Según él, la mayoría de las personas lo resuelve, pero una minoría no. Los complejos impiden a las personas llevar una vida plena.

8
PRÁCTICA

"La práctica hace la perfección"

Algunos rasgos permanentes son el producto de emociones fuertes y necesidades. Pero existe otra manera de adquirir rasgos permanentes: haciendo que el cuerpo desarrolle habilidades especiales mediante la práctica. **Es experiencia en los músculos.** Los músculos también son afectados por la experiencia, especialmente, en sus movimientos más finos.

DEPORTES...

Ya que requieren una modificación bastante notable del comportamiento, las actividades físicas de mucha demanda no se presentan a diario, y algunas ni ocurren en la vida de muchas personas. Son actividades que no se aprenden en cualquier salón. Así que pueden requerir de mucha voluntad. La ayuda de un padre, tutor o mentor es de vital importancia.

La niñez es el mejor momento para empezar a practicar actividades físicas. Actividades que no requieren de mucha madurez física ni mental pueden ser realizadas por niños a veces con más aplomo que un adulto. Para esto, es importante que a los niños se les lleve a su ritmo; no obligarlos a hacer algo para lo cual no se sienten preparados. Hay estrés positivo y estrés negativo.

El Juego físico, como los deportes de contacto, puede producir un efecto positivo en la salud física y emocional. Nos puede hacer sentir competentes y ayudar en la autoestima. Otros encuentran en **el baile** un estilo de vida que no lo cambian por nada.

Muchos tienen la suerte de encontrar un ambiente en donde los estándares para estas actividades están muy bajitos. En otros sitios (como en las grandes ciudades) están muy altos. Pero con apoyo y mucha práctica, varias de estas actividades pueden realizarse de una manera casi automática.

Otras actividades

Para quienes no han tenido suerte en los deportes ni en el baile, existe la natación y las actividades extremas. La natación debe practicarse intensamente hasta pasar el umbral en donde uno no se ahogue. Es tal vez la única actividad humana en donde no existe un margen de error. O nadas o te ahogas. Por lo tanto, es muy peligroso abrirse a ella si no hay personas cerca.

Otras actividades que se benefician mucho de la práctica son halterofilia, artes marciales, boxeo, y la operación de máquinas complejas tales como autos, aviones, ciertos instrumentos musicales, armas, y la práctica de la medicina.

La mayoría de los deportes consisten en avanzar un balón o bola hacia una meta, siguiendo unas reglas. El oponente intenta evitar eso. Quien más veces consiga hacerlo, es el ganador. Cada jugador intenta engañar a su oponente cambiando su movimiento o el movimiento de la bola.

Se ha comentado que la intensa actividad muscular afecta la mente, y viceversa. Ambos, cuerpo y mente, parece que interactúan. Las actividades físicas pueden ser el complemento de la comunicación. Personas que tienen problemas en comunicarse, pueden encontrar en ellas una válvula para expresarse.

En los niños, por lo general, su habilidad de aprender idiomas en situaciones de poco estrés es insuperable. En esas edades también han surgido genios en las artes, las matemáticas, la música, y el ajedrez.

Los deportes extremos como paracaidismo, esquí, carreras de carros, surfeo, rodeo, etcétera, hacen que nuestro nivel de neurotransmisores se dispare produciendo una sensación de satisfacción al arribar a la meta.

9

EXPERIMENTACIÓN

Experimentación

"Este seguramente vuela

En muchas historias de cine, radio y televisión, se han presentado casos de personas siendo controladas por otros individuos, y haciendo lo que a ellos les place. A personas como brujos, hipnotistas y hechiceros se les ha relacionado con enormes poderes. El doctor Frankenstein, produjo un monstruo haciendo malabares con los rayos y con la corriente eléctrica. El gurú Sal Baba, podía flotar en el aire. Y el afamado Jekyll del clásico Jekyll and hyde, tenía una personalidad oculta y siniestra llamada alter-ego. Claro está, todas esas historias son pura ciencia ficción o pseudociencia...

De entre tantos fenómenos y brujerías que existen, hay algunos que han movido la fascinación del hombre desde tiempos muy antiguos:

* Los rayos
* Los eclipses
* La formación de los ríos
* La fuerza entre imanes
* Animales que emiten luz (cucubano)
* La estática
* El eco
* El fuego

La otra manera de adquirir experiencia es investigando o desarrollando algo. Podemos, por ejemplo, participar en una expedición científica y aventurarnos por mundos desconocidos. El arte, y hasta deportes mentales como el ajedrez, son otras áreas donde podemos desarrollar esas habilidades intelectuales que pueden estar ocultas.

En un experimento común, creamos u observamos una situación. (O sea, algo que merece ser investigado). Luego, examinamos si tiene algo que sobresale, o si hay que cambiarle algo. Hay dos maneras de observar: usando la **intuición**, o usando la matemática y una manera de **medir** las cosas (ver → herramientas de observación).

Una computadora puede ser parte de una investigación ya que una computadora puede manejar información. Además, puede simular un entorno que resulte muy caro o difícil conseguir.

Si se piensa crear o desarrollar algo, como, una posible fuente de energía renovable, o un cruce entre un león y un murciélago, una buena manera de empezar es haciendo un *borrador*. Un borrador es un plan muy crudo sobre los pasos a seguir. Puede incluir dibujos, diagramas y modelos antiguos que sirvan como referencia. Al final se hará un prototipo que será sometido a más pruebas hasta dar con un resultado final.

Un resultado no siempre es algo sorprendente. Pero llegar a la conclusión de que nada impresionante sucedió es también valioso.

Factores a considerar antes de ponernos a experimentar son:
* *Costos*
* *Peligros*

- *Permisos*
- *Información relacionada (libros, lecciones...)*
- *Qué se necesita*

FACTORES

Un factor es algo que influye o puede influir sobre las cosas. Muchas veces es algo claro y preciso como el peso de un objeto, la cantidad de personas en un sitio, la tasa de impuestos, o el precio de un artículo... **La mera presencia o ausencia** de algo puede ser un factor (digamos, un objeto, una persona, una costumbre, una enfermedad...)

Un dato, o un acontecimiento, puede ser un factor. "Pío y Crepúsculo se entraron a golpes en el buffet". "El sol es una estrella". "La pelea más larga duró 110 rounds". Incluso, una opinión puede ser un factor. "Creo que mañana lloverá". "William es un chota". "Julieta debe ir primero".

No obstante, un factor es casi siempre la principal causa de algo. *"la bebida fue el factor principal en el accidente"*. La palabra factor es muy indicada para referirnos a **CAUSAS.**

Muchísimas situaciones son ocasionadas por el hombre, voluntaria o involuntariamente. Por lo tanto, el ser humano es el principal causante de muchas incidencias. En ocasiones, **manipula factores** para crear algo nuevo o para investigar algún fenómeno o evento, tales como:

- *La economía*
- *Refrigeración*
- *Reacciones químicas*

- *Artritis*
- *El efecto de la cultura sobre la personalidad*
- *El efecto de un capacitor en un circuito…*

Factores ocultos

No siempre un resultado es el producto de factores muy obvios. A veces es el producto de factores muy ocultos. Por ejemplo, el desempleo es la suma de muchos factores. Las medicinas tienen efectos que van más allá del deseado. En la mayoría de las personas, una recompensa les provoca alegría. Pero eso no le induce nada a alguien con depresión. Esa persona ya estaba condicionada a responder así por razones que no son fáciles de saber (razones individuales). Lo mismo ocurre con algunos miedos, y hasta en temas más profundos, como *las preferencias y los hábitos*. El asbesto tiene efectos muy dañinos sobre la salud que salen a la luz después de muchísimo tiempo.

Casi siempre, en una investigación, se pone a prueba algo que tiene mucha esperanza de producir un resultado. Y a eso le llaman "**variable independiente**". Al resultado le llaman "**variable dependiente**".

Por ejemplo:
Cantidad de desperdicios arrojados al mar
→ *variable independiente*
Cantidad de peces muertos encontrados en el sitio
→ *Variable dependiente*

Todo suena fácil. Medimos los niveles de contaminación en el lugar especificado, contamos la cantidad de peces encontrados muertos y hacemos una relación matemática sobre eso. Sin embargo, en la vida real, factores inoportunos pueden alterar significativamente el resultado de una investigación. Un factor influyente puede ser, por ejemplo, el clima. Otro podría ser la presencia de un animal. O la ausencia de luz. También puede ser la rapidez o la cantidad de algo. Otros podrían ser: *los alrededores, la altura, las enfermedades, la época del año, los prejuicios, etcétera, etcétera, etcétera…*

Una manera de atacar un problema complicado es debilitando el efecto de influencias inoportunas. **Esto se logra investigando situaciones muy ricas en diversidad.**

Por ejemplo: dos grupos muy grandes y representativos. Solo en una cosa se diferenciarán: la variable o factor cuyo efecto se desea conocer, se hará variar en uno y solo uno de esos grupos. Todo lo demás deberá quedarse igual, con el menor cambio posible. Al final se comparan ambos grupos para ver **el efecto** que tuvo la variación sobre la característica de interés.

Un caso muy común es en los medicamentos. Para probar la *efectividad* de un medicamento, los científicos saben que existen **factores inoportunos** que pueden alterar la acción del medicamento (como el uso de otros medicamentos, el ambiente, y la presencia de otras enfermedades). Se crean entonces dos o más grupos muy representativos de personas cuyos integrantes tienen las mismas condiciones o riesgos a tratar. A un grupo se le da el tratamiento, y a los otros se les da otro tratamiento o no se les da nada. Al cabo de un tiempo se comparan todos ellos para ver cuán diferentes fueron los resultados, y qué decisión tomar.

Gemelos idénticos, al ser genéticamente muy parecidos, no tienen muchos factores ocultos entre sí, y se utilizan en investigaciones sobre la naturaleza humana.

Al investigar objetos y animales de una misma clase, sucede lo mismo que con los gemelos. Encontramos pocos factores ocultos entre ellos, y están sujetos mayormente a las leyes de la ciencia. Pero en cuestiones puramente humanas, la cosa es diferente. Pueden existir marcadas diferencias entre los hombres, y por lo tanto, muchos factores ocultos. No existen leyes que los describan precisamente. Para estudiar al hombre y sus cosas, se utiliza, entre otras, la ciencia de la estadística.

La estadística es una ciencia muy importante en la búsqueda de conocimiento y determinación. Ella se encarga de analizar información abundante, y hacer valiosas conclusiones, tales como, *probabilidades de que algo suceda.* Ella estudia tendencias: Si algo se repite mucho bajo unas condiciones, es muy probable que se vuelva a repetir si se dan las mismas, o casi las mismas condiciones. Grandes grupos, y hasta poblaciones enteras con sus fortalezas y debilidades es uno de sus principales objetos de estudio. La población de un país ofrece información estadística muy valiosa y gratis. Es como un experimento sin costo.

En la estadística, existen unos cálculos que nos indican **cuán bien encaja** un berenjenal de datos dentro de un patrón. *"Valor promedio"* es uno muy utilizado. Otro mucho más interesante se llama *"desviación estándar"*. Éste último es muy útil para detectar patrones. Mientras más pequeña es la desviación estándar, mayor será la semejanza entre todos los datos (o sea, hay un patrón). Pero a mayor desviación estándar, más diferentes y dispersos estarán todos los datos. No hay un patrón.

La misma experiencia puede servir para encontrar información estadística valiosa. A veces decimos: del uno al diez, ¿cuánto le das?...

El gobierno utiliza la estadística para crear tasas de impuestos. Los negocios la utilizan para ajustar los precios, y hacer pronósticos. La ciencia la utiliza para probar teorías, tomar decisiones, y analizar la sociedad.

Cuando se conocen muy bien los efectos y las causas de muchas situaciones, puede usarse ese conocimiento para formular nuevas teorías, y para desarrollar cosas útiles. Por ejemplo, durante mucho tiempo, se sabía que algunos materiales se oscurecían en presencia de la luz. Luego, un señor utilizó eso para inventar la fotografía. Otro observó que quienes trabajaban en el ganado eran menos propensos a contraer ciertas enfermedades mortales. Y profundizando en el asunto, llegó al punto donde desarrolló la primera vacuna. (El principio de la vacuna era conocido en la antigua China. Sabían que el exponernos a situaciones poco salubres hacía que muchos desarrollemos resistencia a algunas enfermedades. Quizás de ahí nació el refrán: "Lo que no te mata te hace más fuerte").

Módulos
En muchos inventos y diseños, se usan módulos. Un módulo es algo *independiente* con una función *independiente*, pero sin ningún valor por sí solo. Por ejemplo, dentro de un televisor, hay una serie de circuitos destinados para una función específica. Uno de ellos está destinado a capturar y amplificar la señal. Otros se encargan de llevar un voltaje regulado a las diferentes partes del televisor. Otro se encarga únicamente de convertir la señal digital a análoga, etcétera… En una fábrica o institución sucede lo mismo. Los trabajadores se concentran en una actividad específica. Pero solo juntando sus aportaciones crean el producto final. (Tengamos en cuenta que casi ningún proyecto de envergadura es el producto de una sola mente; Son el producto de muchas, especialmente en estos días).

Muchos "flowcharts" y programas de computadora se pueden descomponer en módulos, cada uno realizando una función distinta. Células del cuerpo también pueden funcionar con bastante independencia y ser investigadas intensamente para beneficios médicos.

Los módulos hacen parecer a las cosas complicadas. A veces, un conjunto de cables y tuberías pertenecen a diferentes piezas o módulos. Pero al estar *todo junto* parece como si se tratara de un objeto muy complicado.

De lo complicado pasamos a algo más simple.

MODELOS ANTIGUOS

Un **arquetipo**, es el modelo más antiguo y sencillo de una cosa o idea (por ejemplo: el más precoz aparato volador; o el más precoz aparato volador con motor).

Ejemplos

1. Antes de aparecer métodos bien organizados de hacer una investigación, se hacían intentonas, o exploraciones al azar. Lo que en inglés se conoce como "*trial and error*". Es el método más primitivo de hacer una investigación. Por ejemplo, para probar la efectividad de un nuevo medicamento, los médicos de antes hacían que muchas personas se arriesgaran probándolos. Si no se morían, el producto se podía usar.

2. Por su parte, una manera de "probar" la inocencia o culpabilidad de un acusado era sometiéndolo a horribles

pruebas, tales como, meter la mano en agua muy caliente. Si la dejaba el tiempo acordado, era declarado inocente ya que lo interpretaban como señal de que un ser divino estaba ayudándolo.

3. Otra manera primitiva de investigar se llama *ingeniería inversa*. En ingeniería inversa, se investiga algo que ya ha sido creado. Se investigan todas sus partes hasta dar con su lado fuerte, si es necesario, rompiéndolo para verlo en detalle. A pesar de su nombre, ingeniería inversa es una de las técnicas más antiguas. Romper cosas para conocer su interior es el producto de algo muy humano: la curiosidad.

4. Hoy día, los científicos no dan golpes a lo loco. Ellos se enfocan en cuestiones que tienen mucha relación. Se interesan en patrones. Un señor, Robert Millikan, encontró un patrón al investigar *la electricidad*. Hizo un experimento en el que pudo medir unas cualidades y encontró una fracción que se repetía mucho. Era un número **universal**.

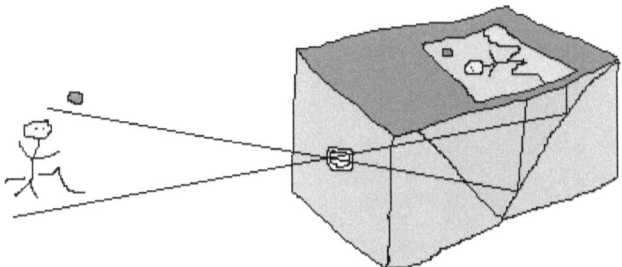

Descubrió la cantidad más pequeña de electricidad.

5. Una idealización consiste en sustituir algo por otra cosa **más sencilla** y parecida. Por ejemplo, el número 97 se

puede redondear a 100. Redondear es una forma de idealizar. A veces, para estudiar a *las fuerzas*, a los materiales se les considera irrompibles. Las estrellas y cosas muy lejanas se tratan como puntos. En un diseño, muchos componentes pueden tener un nivel de tolerancia. No tienen que ser **perfectos**. Todo esto hace que los trabajos se hagan muchísimo más fáciles. En una idealización, se intenta trabajar con la menor cantidad de factores posible.

6. Las primeras máquinas inventadas por el hombre fueron *la rueda, la cuña, el plano inclinado, la palanca y la polea*. Se les conoce como "máquinas simples". Desarrollándolas, se pueden crear artefactos más complicados como las

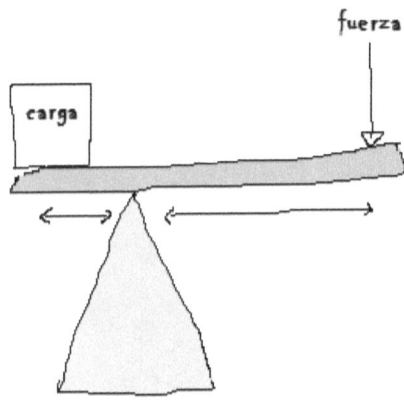

Desde siempre, se ha sabido que conocer la obra de los antiguos pensadores ayuda a entender las cosas cuando son más complicadas. Los arquetipos nos ayudan a ver puntos claves sobre lo que nos interesa. Y en el mejor de los casos, nos dan información sobre lo que es necesario y lo que no lo es.

tijeras (cuña), los tornillos (plano inclinado), hasta máquinas hidráulicas. Puesto que *trabajo = fuerza x distancia*, muchas de estas máquinas *"negocian"* fuerza y distancia para producir el trabajo requerido. Con una simple polea se puede hasta levantar un elefante.

7. El 1710 fue el comienzo de la era del vapor. La máquina de Newcomen sacaba agua de las minas de carbón para facilitar el trabajo de los mineros. Usaba la energía del vapor. Es una manera de obtener trabajo a través del fuego. Desde ese momento, el fuego pasó a ser utilizado para mover las cosas de una manera útil. Los primeros beneficiados fueron la producción en masa y la transportación en masa. El petróleo y el carbón ahora empiezan a tener una importancia suprema.

8. En el siglo 18, un experimento logró desenmascarar el carácter místico de los gases. En presencia del dióxido de carbono (el gas que sueltan las sodas), un mineral famoso llamado cal, se convertía en carbonato de calcio (otro mineral famoso también llamado *piedra caliza*). Luego, al calentar este último, se podía revertir el proceso y liberar el gas y el mineral original. Esto indica que los gases, los sólidos y los líquidos se asemejan químicamente. Del carbonato de calcio se puede hacer mármol, cemento, y una veintena de cosas.

9. La refrigeración, por su parte, se resume de la siguiente forma: toda la ciencia de refrigerar, incluyendo obtener la temperatura del helio líquido, se basa en la compresión y expansión de los gases. Al expandirse, los gases **chupan**

calor de su alrededor. Si se logra comprimir suficientemente un gas, se puede crear un ambiente muy frío si se le restaura rápidamente el volumen original. Todo forma parte de un ciclo que se repite indefinidamente.

10. De acuerdo con el efecto fotoeléctrico, cuando la luz pega con suficiente energía sobre un material, hace que éste suelte algunos electrones de sus átomos. La ventaja de eso es que se pueden usar esos electrones sueltos para varias aplicaciones. Una de ellas es en las celdas solares para crear electricidad (la electricidad se compone de electrones). Otro uso es más especial: ya que la luz que emiten los objetos depende de sus líneas y contornos, se puede crear un patrón de electrones que tengan ese contorno. En otras palabras, la imagen de un objeto se puede recrear eléctricamente. Es un gran paso para la creación de la televisión.

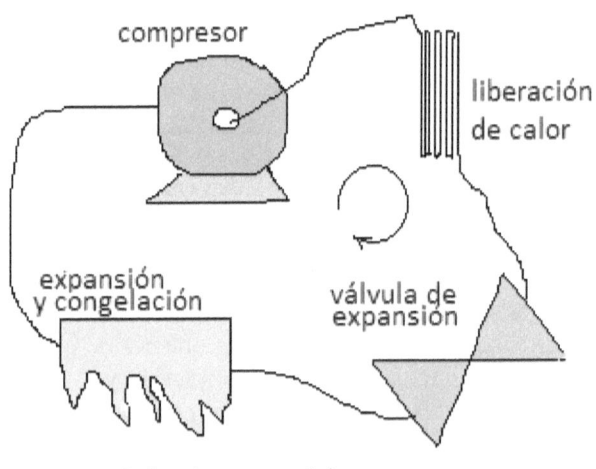

Ciclo de un refrigerante

11. Nuestra primitiva televisión necesita muchos electrones para funcionar. Y esa labor la hacen los llamados "amplificadores". La era de los amplificadores comenzó en el 1910 cuando se inventó una válvula que controlaba el paso de corriente. Se le llamó *el tubo*, e hizo posible la creación de aparatos como la radio, la televisión, y otros. Ese fue el primer amplificador. (Hay ondas electromagnéticas alrededor de nosotros. Ellas contienen información, pero son muy débiles. Necesitan amplificarse. Y esa labor la hacen los amplificadores. Los *transistores* se usan en los amplificadores de hoy día. Un transistor es, básicamente, un amplificador).

12. La alquimia, ciencia que estudiaba las transformaciones que ocurren con los materiales químicos, tenía también otro propósito: hacer momias y perpetuar indefinidamente la vida. Por lo tanto, los alquimistas también fueron profesionales de la salud. Muchos alquimistas eran puros charlatanes, pero otros como Newton, eran personas serias comprometidas con la verdad.

13. En el 1927, se comenzó a mutar organismos cuando se observó el efecto de los rayos x sobre los genes de la mosca. Se llegó a la conclusión de que los rayos cósmicos son causantes de mutaciones, y que la radiactividad puede ocasionar cambios profundos en los rasgos de las especies; y en su salud.

14. *En los trabajos científicos se usan frecuentemente las **gráficas**. Muchas de ellas modelan objetos físicos. Hacer un dibujo sobre un problema verbal y sus variables ayuda a VER cómo se relacionan las variables entre sí. Aquí se*

está modelando la Tierra de perfil y dos ciudades con las cuales Eratóstenes pudo calcular el diámetro de la tierra. Eso fue en el tercer siglo antes de Cristo y ha sido una de las mayores aplicaciones de la matemática (aunque fue ignorada por los europeos durante su larga edad media).

Cristóbal Colón tampoco le prestó mucha atención a los cálculos de Eratóstenes y se echó al mar creyendo que la Tierra era pequeña. Seguramente hubiese muerto junto con toda su tripulación si no hubiese sido por "algo" que se encontró en el medio.

La conquista de América por parte de Cristóbal Colon y su grupo le ganó una formidable cantidad de enemigos a España. Esto, unido a las enormes distancias que recorría todo su imperio acabó completamente con su poderío.

En otro experimento *diametralmente* opuesto, podemos, con un gotero, medir el volumen de una gota de aceite. Si luego dejamos caer la gota en un recipiente con agua

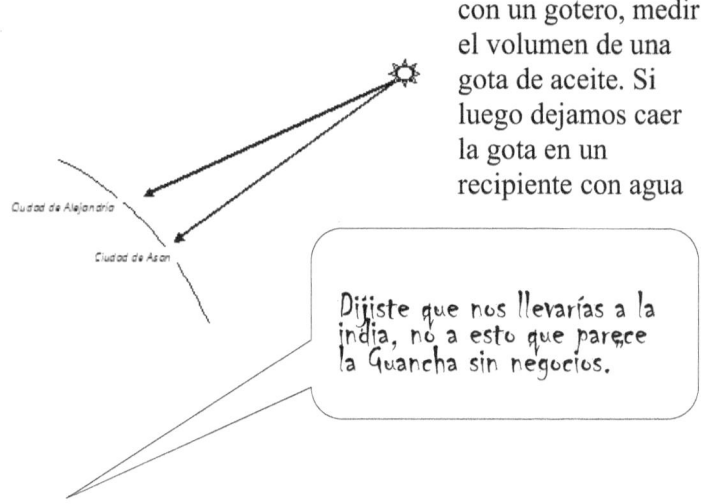

Ciudad de Alejandría

Ciudad de Asón

Dijiste que nos llevarías a la india, no a esto que parece la Guancha sin negocios.

lo suficientemente ancho, podemos calcular el diámetro de una molécula de aceite dividiendo su volumen entre el área ocupada por la gota en el recipiente.

15. Para el siglo 13 se empieza a tener un conocimiento casi preciso sobre la civilización China: sus obras y costumbres. Hubo cierto conocimiento previo a ese tiempo. Pero el momento decisivo comenzó a mediados del siglo 13.

16. Nuestro sistema numérico basado en diez dígitos no tiene ninguna especialidad. Surgió porque tenemos diez dedos. Por ser así, se llama el sistema decimal. Otro sistema de números pudo haberse utilizado. (la palabra "digito" significa "dedo").

17. Un momento arrollador en la historia de la matemática ocurrió hace casi cinco siglos cuando Nicolo Tartaglia y Ludovico Ferrari trabajaron la solución de ecuaciones con potencias como x^2, x^3 y x^4. Si encontrar la **raíz cuadrada** de un número cualquiera es una tarea difícil para muchos, imagina cuán difícil era tratar de encontrar las raíces de una combinación de potencias.

18. Un dato interesante sobre las fracciones es que, si sumas una

Regulador de voltaje sencillo y su diagrama.

cantidad infinita de ellas, el resultado no siempre es infinito. Por ejemplo, si sumas la serie de fracciones 3/10 + 3/100 + 3/1000 + 3/10000, … el resultado es 1/3. (No te pongas a sumarlas).

19. La forma de proceder en una cirugía se alteró enormemente cuando se observó que al limpiar con alcohol y mantener limpia la sala de operaciones, se reducía dramáticamente la mortalidad en los hospitales.

20. Existen experimentos diseñados para observar las reacciones de las personas ante situaciones poco comunes, o de plano, irreales. En el experimento de Milgram, a las personas se les pone en una situación en la cual deberán elegir si seguir o no seguir a la autoridad ante algo que va en contra de sus valores. En la cámara oculta se planea ver las reacciones de la gente ante situaciones embarazosas.

La observación detallada, impulsada por la curiosidad, fueron los motores que tuvo el ser humano para involucrarse en las cosas y no ser un participante más de ellas. De acuerdo con la leyenda, una mujer inventó la agricultura al estar con más tiempo para la observación que el hombre, (el cual tenía que irse a cazar). Al observar que muchas veces crecía una planta en el mismo sitio donde caía una semilla tuvo la idea de enterrar semillas en lugares específicos y esperar. Y así nació el descubrimiento más importante para la humanidad, el cual la sacó de la tediosa tarea de tener que vagar constantemente en búsqueda de alimento.

De esa manera, habiendo suficiente comida para todos, algunos pudieron dedicarse a otras tareas como las artes, las ciencias, los deportes y la exploración.

HERRAMIENTAS DE OBSERVACIÓN

Observar un cielo estrellado, en un paraje sin obstáculos, es una estupenda experiencia para muchas personas. Mucho mejor sería si se tuviera un telescopio a la mano, por sencillo que sea.

En un ambiente muy parecido, hace cientos de años, un raro y estupendo estudiante se detuvo una noche a mirar a las estrellas durante un tiempo que estuvo cerrado su centro de estudios. Y se maravillaba por su gran belleza y atónita majestuosidad. Se llamaba Isaac Newton. Fue una persona que encontró respuestas a muchas de las preguntas que se hacían desde siglos. A diferencia de otros, sus ideas fueron aceptadas rápidamente.

Para esos tiempos, otro científico no menos inquieto se hizo las siguientes preguntas sobre su entorno y la realidad: "cómo puedo asegurar que lo que estoy viendo es real y no

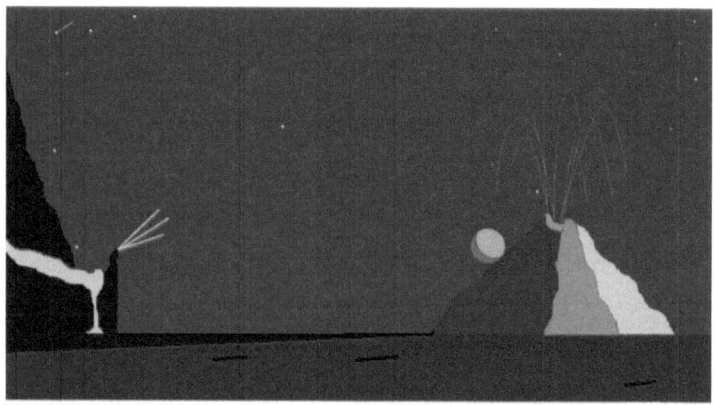

es una ilusión o una maquinación de un ente vicioso?". "¿y mi mente, es real?". "¿existe mi mente?". "¿y mi cuerpo, es real?. ¿existe mi cuerpo?". Y cavilando en ese remolino de preguntas existencialistas, llegó a la más intrigante de todas: ¿será posible que yo no exista?

René Descartes puso en tela de juicio su existencia. "¿Cómo puedo asegurar que lo que estoy viendo es real si ni siquiera puedo asegurar si yo existo?". Y en medio de esa profunda oscuridad, una gran idea iluminó su mente: "Que, aunque sea para dudar, es necesario existir. Pues si no existiera tampoco dudaría". El mero hecho de dudar lo tomó como prueba de su existencia.

Ahora solo le faltaba descubrir otras realidades.

Herramientas de observación son aparatos o medios que nos ayudan a encontrar información. También pueden accesar a las emociones. Existe una multitud de herramientas muy poderosas para encontrar información.

HERRAMIENTAS PARA DETECTAR Y MEDIR	RECREACIÓN ESTÁTICA	RECREACIÓN DINÁMICA
LOS SENTIDOS	LISTAS	REPRODUCCIÓN DE
CONVERSACIÓN	DIBUJOS Y FOTOS	VIDEO Y SONIDO
BALANZA, RELOJ...	DIAGRAMAS	SIMULACROS
LINTERNAS, LENTES	TEXTO	SIMULACIÓN POR
AMPLIFICADORES	GRABACIÓN HUELLAS	COMPUTADORA
TELECOMUNICACIONES	MEMORIA NATURAL	ARTES ESCÉNICAS
VISIÓN NOCTURNA	MEMORIA ARTIFICIAL	
ULTRASONIDO	MODELO FÍSICO	
EKG, PCR, PSA...	ARTES PLÁSTICAS	
OTROS DETECTORES		
TRADUCTORES		

DETECTAR Y MEDIR

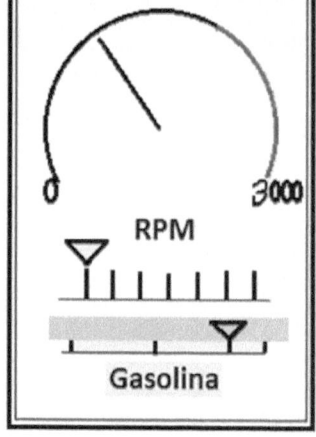

Entre las herramientas que nos ayudan a encontrar información, están las herramientas para medir. Por mucho tiempo, el pie humano, y otras partes del cuerpo fueron utilizados para medir distancias pequeñas. Pero como había de esperarse, no rendían mucha confianza. La balanza, y el reloj solar, también estuvieron entre las primeras herramientas que ayudaron a que nuestros sentidos tuvieran una visión más completa de las cosas.

Hablando de visión, no podemos ignorar *al telescopio*, el cual, con su aportación, hace galas de servir al mejor de los sentidos. (Existen más de cinco sentidos, pero son privados. Ejemplos son el sentido del equilibrio, el del dolor y el del hambre).

El telescopio no es una herramienta para medir como lo son la balanza y el reloj. Es una herramienta para observar las cosas del mundo y del espacio. Mismamente lo hacen las antenas y los radales. Estos últimos, incluyendo radios, teléfonos, y televisores, son equipos de telecomunicación. Nos llevan a **sitios distantes**. (La raíz *tele-* significa *distante*).

En el otro lado están los instrumentos que nos ayudan a observar cosas que están **muy cerca**, pero ocultas a los sentidos *(sustancias, explosivos, radiación, enemigos, estructuras arqueológicas, cáncer, microbios)*. Para esto tenemos equipos especializados y otros no tan especializados como el olfato animal.

Muchos animales pueden percibir información que el hombre no puede *(sustancias, luz infrarroja, luz ultravioleta, magnetismo, ultrasonido)*. Los murciélagos, y los cachalotes, detectan figuras utilizando el eco. Con el eco, detectan una presa, o una salida. Otros pueden detectar el calor de una presa y hasta información más específica como la localización de una

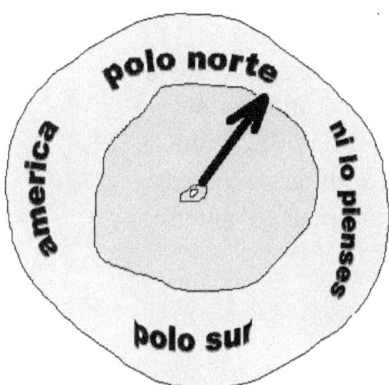

persona por su olor. Se dice que incluso algunos animales sienten *el peligro* horas antes de que suceda una catástrofe. Otros detectan enfermedades. Parece como si existieran mundos ocultos que esperan por ser descubiertos.

El msmio crreebo hnaumo mhacus vcees es más áigl y ridpáo de lo que pamensos y pdeue eronctanr un oedrn dndoe aaerentnempte no lo hay. Las parabalas de una oircóan, el cerbero las peude ver sin mrayoes parobmles srimepe y cnaduo la pierrma y la úmltia ltrea etésn carreocts.

Uno de los campos más emblemáticos en la detección e identificación es el campo de la criminología. Los escáneres de rostros, huellas digitales, y de ADN están al frente tanto en la comunidad científica como en la general. Voces, rostros, mensajes sospechosos, y hasta el engaño, pueden ser detectados.

Los instrumentos de medición y detección, son pues, una invención muy importante que nos da desde información miscelánea, hasta información muy vital.

---------/////----------

Las **gráficas**, son otro complemento que nos ayuda a encontrar información y a expresar cualquier asunto de interés. Con un dibujo, un diagrama, una foto, o una película podemos VER el asunto. También podemos enterarnos sobre patrones, incluyendo malfuncionamientos.

Uno de los puntos más importantes a tener en cuenta antes
de hacer una observación muy cercana de un evento, es
determinar el peligro que puede representar al **observador**.
Los sentidos del gusto y del olfato raramente se usan. En el
manejo de sustancias, es esencial usar gafas no importa el
tipo de sustancia a tratarse. Otras medidas se adoptan
dependiendo de la peligrosidad del sitio o de los equipos.
Distancia prudente también debe considerarse,
especialmente si se trata de animales. Otro paso que
también debe incluirse es el entrenamiento para los
novatos. La naturaleza está llena de muchas sorpresas,
pero también, de mucha peligrosidad (incluyendo ámbitos
humanos).

Es bueno también poseer una lista de lo que se debe y lo
que no se debe hacer.

DIBUJOS

Una manera de presentar información es mediante dibujos. El hombre de antes comunicaba muchas de sus experiencias a través de dibujos pintados en las cuevas. A veces dibujaba un pictograma. Los pictogramas son dibujos muy parecidos al objeto que representan. Muchos **símbolos chinos** nacieron de pictogramas. Y han evolucionado poco a poco. Por ejemplo, ellos usan la figura de tres cuadrados juntos para representar el ojo (目). Tal vez a uno se le puso el ojo cuadrado. *"Sueño"* se escribe (睡). Nota el símbolo del ojo a la izquierda.

Los dibujos fueron los primeros sistemas de escritura. Y se siguen usando extensamente para comunicar todo tipo de información: Desde anatomía y planos de una construcción, hasta mapas sobre países y constelaciones. A través del dibujo, los niños pueden transmitir muchos mensajes, y dejar correr su imaginación.

Los retratos son otro tipo de dibujo. Cuando no existía la fotografía, personajes como reyes, artistas, y tiranos utilizaban la pericia de un retratista para inmortalizarse.

Diagramas

Los dibujos presentan mayormente **objetos**. Los diagramas presentan mayormente **ideas**. Entre los primeros diagramas que nos enseñan están las figuras geométricas (círculo, cuadrado, triángulo). También se encuentra la recta numérica. La recta numérica (parte de ella) se encuentra en herramientas para medir como el termómetro, la balanza romana, la cinta de medir...

Pero la mayoría de los diagramas consisten en asuntos más complicados: *sistemas de coordenadas, diagramas de flujo, mapas temáticos, diagramas genealógicos, diagramas de bloques, el ciclo del nitrógeno, el sistema respiratorio...*

Los mapas **temáticos** muestran la intensidad de una cualidad en función de cada país. Destacan temas como la producción de algún mineral, la tasa de desempleo, la tasa de analfabetismo, etc.

Los diagramas ayudan a entender un asunto con mayor claridad. Por lo tanto, tienen un fin educativo. Dos de los más importantes son los siguientes.

COORDENADAS

Lo que llamamos "coordenadas cartesianas", son dos rectas numéricas colocadas en forma de cruz. Ambas rectas colocadas de esa forma tienen un uso increíble. Tres usos muy básicos tienen las coordenadas:

1. Describen la posición exacta de los objetos (como hacen los mapas tradicionales). Por ejemplo, Puerto Rico está localizado cerca de la *latitud* 18 y *longitud* 66. Es un uso muy extendido.

2. **La relación** entre un hecho y otro se puede apreciar en este tipo de gráfica. (Específicamente, conceptos que están íntimamente relacionados como *voltaje y corriente* o *peso y tamaño*).

Por ejemplo, el <u>precio</u> de un artículo está íntimamente relacionado con la <u>cantidad</u> vendida. El precio puede estar representado por la letra **X**, y la cantidad vendida puede estar representada por la letra **Y**. La gráfica nos dice que,

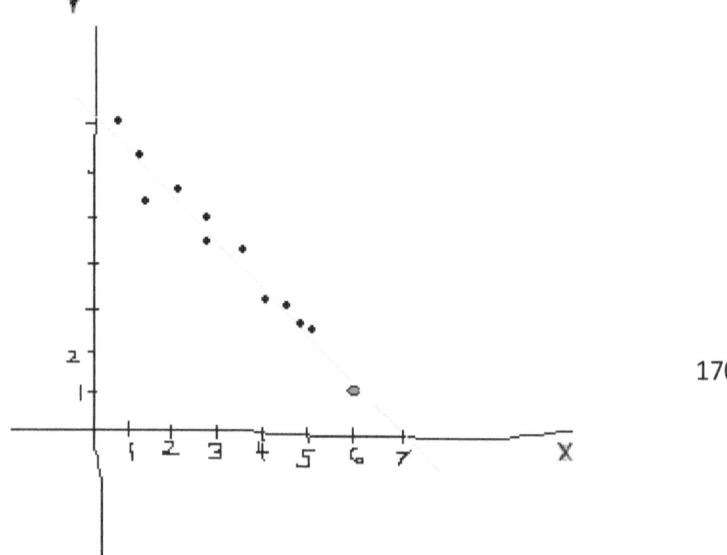

170

por ejemplo, cuando el precio era seis, las unidades vendidas fueron una.

Cuando se tienen muchos datos sobre conceptos que están muy relacionados, una buena manera de presentarlos es con gráficas como esta. Y si esconde un patrón, nos puede hacer ver el patrón. También ayuda a hacer predicciones. (La línea sobre los puntos no es parte de la situación. Pero es una buena aproximación. Ella es lo mismo que decir: X + Y = 7. La técnica se llama interpolación).

3. Las coordenadas también se usan para presentar "escenarios" más ideales como las ecuaciones. Ejemplo:

$Y = tiempo^2 - 2 \times (tiempo)$

$X = tiempo + 1$

Al dársele cualquier valor a la variable independiente **"tiempo"**, se pueden conocer los valores en X y Y. Esto luego puede introducirse en unas coordenadas como la anterior. Pero en este caso, forman la figura de una parábola. No puntos como en el diagrama anterior. Cuando una ecuación se presenta dentro de unas coordenadas, el resultado no es una serie de puntos, sino una curva o una línea recta.

A ecuaciones que muestran reacciones o transformaciones químicas se les llama "ecuaciones químicas". Son quizás el tipo de **diagrama de flujo** más sencillo.

DIAGRAMAS DE FLUJO

Un diagrama de flujo es un tipo de gráfica muy útil donde se muestra un **PROCESO.** Puede ser los pasos de un plan o de un experimento. En inglés lo llaman *"flowchart"*. Consiste en un dibujo en donde se muestran cada una de las posibles rutas que pueda tomar ese plan o proceso, empezando desde las condiciones iniciales (tales como costos, peligros, permisos...Ver el inicio del capítulo anterior).

En un flowchart, se puede VER cómo se maneja cada factor importante en un problema matemático, técnico, médico, forense, o de cualquier otro tipo. Puede emplearse el uso de computadoras para hacer una recreación virtual del proceso (simularlo) y así manejar a gusto los factores.

Muchas computadoras tienen programas que te permiten interactuar con ella con el propósito de desarrollar una idea. Están ideados para un tema específico. Por ejemplo, SPICE es un programa ideado para analizar circuitos eléctricos. También ayuda a diseñarlos.

----------/////----------

Los flowcharts también nos pueden ayudar a entender cómo funcionan las cosas, y cómo arreglarlas si se dañan. También pueden ayudar en la medicina.

Este flowchart explica sin mucho detalle la operación de una planta que utiliza carbón o petróleo para producir electricidad.

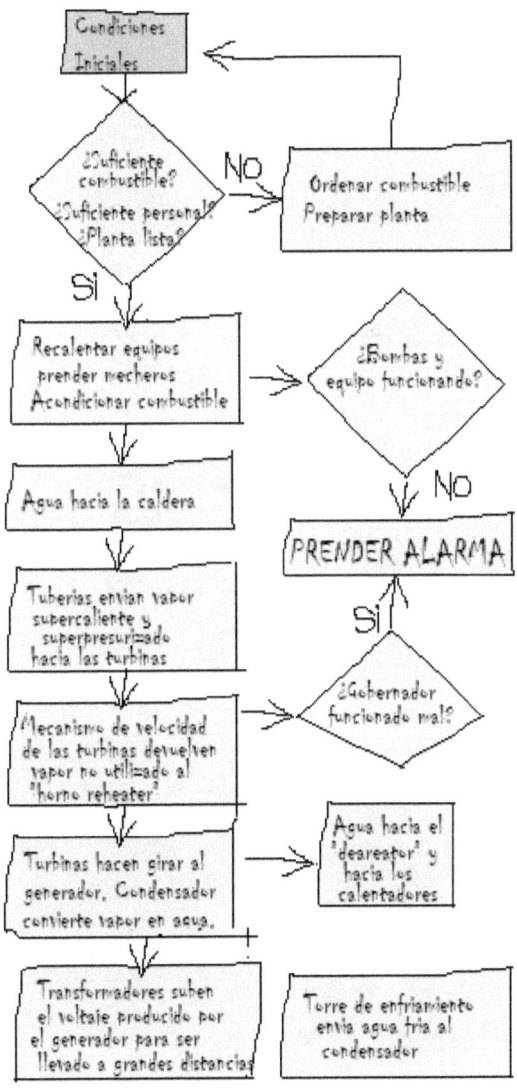

173

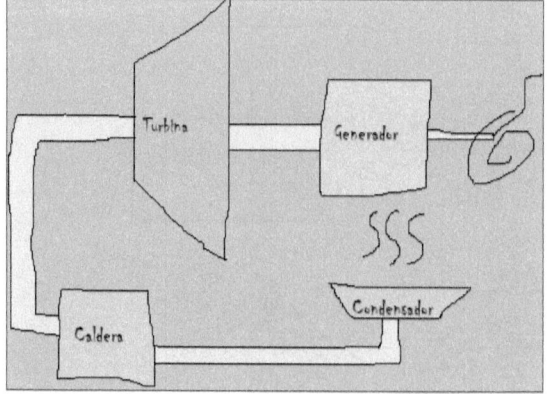

Muchos dibujos se crean con el propósito de saber dónde y cómo están ubicados los componentes más importantes de una obra, y en ocasiones, intuir sobre sus funciones.

CÁLCULO

En ocasiones, no solo queremos conocer los pasos que nos llevan a un objetivo final, sino los que nos llevan al mejor de los escenarios: Actividades que tomen el menor tiempo posible, la más alta eficiencia, o el costo más bajo posible.

A veces, lo muy abrupto produce resultados deseados: las vacunas, por ejemplo, producen un cambio abrupto en el organismo... los incedios forestales eliminan de cuajo un ecosistema... un susto puede hacer que muchos aprendan una lección... un poco de carbono convierte al hierro en acero... un coma inducido hace más seguras las operaciones.

La matemática, sin embargo, no está muy amigada con eventos que son demasiado abruptos. Afortunadamente, se ha notado que la naturaleza casi siempre se comporta de una manera pausada. Nada de cambios abruptos. Cuando hay algo abrupto, es porque está metido el hombre y sus cosas. Y para estudiarla, existe una matemática llamada **cálculo**. El cálculo es la matemática que estudia **cambios** (cambios en la velocidad, cambios en la posición, cambios en las formas, cambios en otras cualidades).

Entre las aplicaciones que tiene el cálculo, hay una muy especial: el cálculo nos dice cómo atinar la **mejor** solución en ciertos tipos de problemas. (Bárbaro). La técnica se llama optimización. Cualquier libro sobre cálculo ofrece detalles acerca de esa técnica. Optimizar es básicamente el trabajo de un ingeniero ya que su función es diseñar mejores y más baratos aparatos, edificios, y estructuras.

Se sabe que muchos animales utilizan su instinto para encontrar la **mejor opción** dentro de una variedad de opciones. Rumiantes como los búfalos pueden encontrar la mejor ruta para ir de un lugar a otro basándose en su instinto. Luego, esos caminos salvajes pueden ser utilizados por el hombre para explorar, y hasta construir carreteras sobre ellos. Y así ha sido.

Se conoce como *"happy médium"* a una buena decisión dentro de un conjunto de muchas decisiones. Se podría, por ejemplo, negociar el precio de un producto versus su calidad. Casi todos hacemos esto al comprar un artículo. Buscamos lo mejor al menor costo posible. Repartir de manera eficiente el tiempo dedicado en varias actividades, es otro ejemplo de happy medium. En una decisión "happy medium" se evitan los extremos. Por eso se llama happy medium.

El cálculo, y la estadística, parecen estar muy complementados. El primero nos dice cómo conseguir los mejores resultados en ciertos problemas, y el segundo nos da una idea de cuán nítidas y organizadas están las cosas.

----------/////----------

Cálculo es la matemática superior más importante. Si pasas ese nivel, has entrado bastante en las matemáticas.

ESCRITURA Y FOTOGRAFÍA

La simple descripción **por escrito** es otra manera de plasmar permanentemente todo aquello que merece ser visto: documentos, noticias del día, obras literarias, comentarios, música. Quizás la fascinación por los símbolos comenzó tras la invención de la escritura.

Por mucho tiempo, escribir era considerado un arte que solo los más sabios conocían. Poderosos reyes no llegaron a conocerla. Pueblos que poseían una escritura eran objetos de envidia. La imprenta, también cambió radicalmente todo. Con ella, se le propinó un duro golpe al analfabetismo y a la ignorancia mundial. Antes de la imprenta, libros

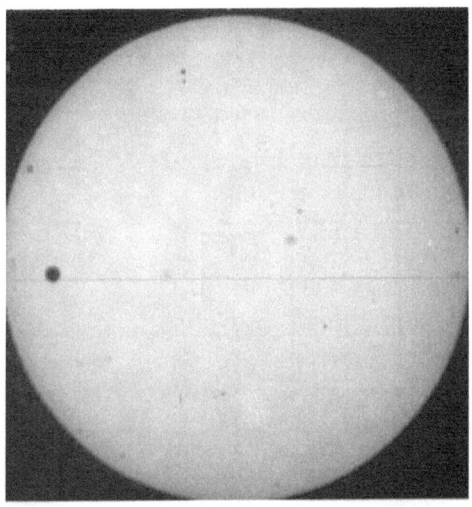

Los antiguos babilonios descubrieron que el lucero que aparecía por la mañana era el mismo que aparecia por la tarde: Venus. Aquí se ven el sol y el planeta Venus en una foto del 1882.

como la Biblia costaban miles de dólares ya que se
escribían a mano. Imprenta y progreso son, en cierto modo,
sinónimos.

Es gracias a la escritura que pudimos salir de la era
prehistórica. Y ahora con el **internet** no solo podemos
llevar información precisa a cualquier parte del mundo,
sino al instante. Quien lo hubiera creído.

----------/////----------

Una foto dice más que mil palabras. Fotografía es, por su
alta objetividad, el arte de transformar las cosas en dos
dimensiones. Este arte, a pesar de ir entrando en su tercer
siglo, no deja de impresionarnos por su importancia en
asuntos cotidianos y su influencia en otras áreas. A veces
no salimos hacia lugares desconocidos ni realizamos
ninguna hazaña sin una cámara fotográfica de
acompañante. Y es que con la fotografía, por primera vez,
podemos transportarnos mágicamente hacia el pasado. La
misma puede tener un objetivo meramente artístico. O
puede usarse como herramienta de observación.

Las tablas, los dibujos, los diagramas, las fotos y la
escritura son el vehículo favorito para poner toda una
información de la manera elegante. El **arte** abstracto,
y cualquier otra expresión artística, también hacen de
la elegancia su lenguaje. La imaginación es un factor
importante para el desarrollo de esta faceta tan
importante de la experiencia.

OBSERVACIÓN

RECREACIÓN DINÁMICA

Si una fotografía dice más que mil palabras, entonces un video dice más que mil fotos. Recrear un proceso dinámicamente en una película, simulación, o simulacro, conlleva un esfuerzo mucho mayor que plasmar algo en un simple papel. Conlleva el uso de técnicas especiales y un procedimiento extenso. En ellas se percibe **movimiento**. La recreación dinámica es muy útil, y su uso lleva muchas veces a conclusiones finales. Ejemplos:

Reproducción de video y sonido

Simulación por computadora

Artes escénicas

Simulacros

Muchas computadoras tienen programas que te permiten comunicarte con ella. Por ejemplo, un programa llamado SPICE analiza circuitos eléctricos. También puede ayudar a diseñarlos. Los ampliamente difundidos juegos de video son programas que trabajan en una serie de gráficas para crear en ellas una sensación de movimiento.

Las cosas han cambiado muchísimo desde aquellos días en que el ser humano se complacía dibujando figuras simples como los círculos, y figuras complicadas como los paisajes. Hoy día, una computadora puede hacer todo eso y más. Y así como los motores de combustión, y más tarde, los eléctricos, han disminuido grandemente el esfuerzo realizado por los músculos, la computadora y sus programas han disminuido grandemente el esfuerzo invertido en tareas mentales.

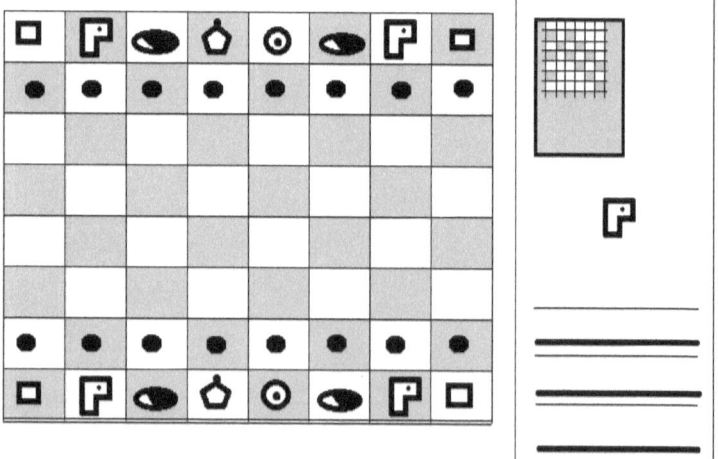

La inteligencia artificial (una rama de la computación) maneja información de una manera muy parecida a la vida misma. Sus circuitos están capacitados para aprender. ¿Será el próximo paso capacitarlos para que puedan crear? ¿o gobernar?...

OBSERVACION

Este libro se basa en el siguiente esquema donde se le da un vistazo a temas de interés general. Entre estos temas se encuentran la tecnología, la ciencia, la economía, y muchos más. Todo se hace de una manera sencilla y directa.

cap. 1 **PATRONES** de formas	cap. 2 **PATRONES** estáticos	cap. 3 **PATRONES** dinámicos
cap. 4 **REGULACIÓN** natural	cap. 5 **REGULACIÓN** automática	cap. 6 **REGULACIÓN** humana
cap. 7 **EXPERIENCIA** común	cap. 8 **EXPERIENCIA** muscular	cap. 9 **EXPERIENCIA** intelectual

Delfín Santos

Delfín Santos obtuvo un grado de Bachillerato en Ingeniería Eléctrica de la Universidad de Puerto Rico, Recinto universitario de Mayagüez. Trabajó en el ejército donde realizó una encomiable labor dentro del batallón de telecomunicaciones.

cocotiel@hotmail.com

.